锑污染防治技术与典型案例

王振兴　蒋国民　郑春莉　黄　磊
李　军　孟晓祥　林晶晶　陈润华 　　等 著

中国环境出版集团·北京

图书在版编目（CIP）数据

锑污染防治技术与典型案例 / 王振兴等著. —北京：
中国环境出版集团，2022.12
ISBN 978-7-5111-5400-2

Ⅰ．①锑⋯ Ⅱ．①王⋯ Ⅲ．①锑—重金属污染—
污染防治—案例 Ⅳ．①X53

中国版本图书馆 CIP 数据核字（2022）第 248420 号

出 版 人　武德凯
责任编辑　韩　睿
封面设计　彭　杉

出版发行　中国环境出版集团
　　　　　（100062　北京市东城区广渠门内大街 16 号）
　　　　　网　　址：http://www.cesp.com.cn
　　　　　电子邮箱：bjgl@cesp.com.cn
　　　　　联系电话：010-67112765（编辑管理部）
　　　　　发行热线：010-67125803，010-67113405（传真）
印　　刷　北京中科印刷有限公司
经　　销　各地新华书店
版　　次　2022 年 12 月第 1 版
印　　次　2022 年 12 月第 1 次印刷
开　　本　787×1092　1/16
印　　张　14
字　　数　245 千字
定　　价　69.00 元

《锑污染防治技术与典型案例》

主要著者

王振兴	蒋国民	郑春莉	黄　磊	李　军	孟晓祥	林晶晶	陈润华
刘　畅	闫虎祥	涂燕红	苏　宁	刘永丰	董　芬	王和平	刘玉龙
张子萱	张　燕	郝双龙	郑清星	李　琨	王旭君	王正民	范宇睿
高宝钗	宋心语	屈凯静	周钟鹏	刘雪梅	黎业海	李奇洪	陈可宙
李福英	黄雪菊	刘　国					

前　言

　　锑是重要的战略性矿产资源，在工业制造中常被用作添加剂，被称为"工业味精"。其广泛应用于半导体、合金、阻燃剂、铅酸蓄电池、光伏玻璃、军事国防等领域，对保障国民经济发展起着极其重要的作用。锑也是一种有毒、致癌元素，欧盟和美国国家环境保护局早在 1976 年和 1979 年分别将锑列为优先控制污染物。锑能通过食物链进入人体，导致癌变、心肌衰竭、肝坏死等疾病，严重威胁人类的健康。"十四五"时期以来，我国发生多次涉锑环境事件，生态环境部将锑确定为重点重金属污染物，将锑矿采选、锑冶炼列为重金属污染防控的重点行业。虽然锑是目前国际上最为关注的有毒金属元素之一，但与其它有毒金属如汞、镉及类金属砷等相比，人们对锑的环境污染过程、生物地球化学循环、污染防治技术及风险防控措施还缺乏系统认识。

　　本书在系统分析锑的污染来源、迁移转化、风险防控及政策管理的基础上，着重介绍了锑污染防治技术与典型案例。全书共 7 章，第 1 章由生态环境部华南环境科学研究所王振兴、广州大学黄磊负责编写，第 2 章、第 4 章由赛恩斯环保股份有限公司蒋国民负责编写，第 3 章由西安交通大学郑春莉负责编写，第 5 章由王振兴、蒋国民负责编写，第 6 章、第 7 章由王振兴负责编写。主要著者的其他成员参与了部分内容编写和校对工作，全书由李琨、黄磊负责统稿。编写过程中还得到了众多未署名专家和学者们的大力帮助，在此表示衷心的感谢。本书主要内容涉及环境、冶金、计算机等相关领域，供同行参考借鉴。

由于作者水平有限，加之时间仓促，书中内容难免存在欠缺和谬误之处，敬请批评指正。

编著者

2022 年 12 月于广州

目 录 ——

第1章

绪　论

1.1　锑资源分布及开发利用

1.1.1　锑资源分布

锑（antimony），元素符号为 Sb，取自其拉丁文名 stibium，原子序数 51，其原子质量为 121.76，在元素周期表中属于 VA 族元素。锑是一种银白色有光泽硬而脆的金属，无延展性，同时是热和电的不良导体。过量的锑及其化合物不仅会对生态环境造成损害，还会对人体健康产生危害。锑中毒大致分为两类，第一种是急性中毒，临床表现为胃痛、血尿、呕吐等；而长期处于低浓度锑的环境则会造成慢性中毒，引起慢性支气管炎、肺气肿、胸膜粘连、早期肺结核等。国际癌症研究中心（IARC）小组认为 Sb_2O_3 可能会致癌，而通过动物实验发现，长期暴露于 Sb_2O_3 环境的大鼠有肺部肿瘤。因此，国内外均对锑污染予以广泛关注。世界卫生组织规定饮用水中锑的最大允许浓度为 20 μg/L，美国国家环境保护局（EPA）规定饮用水中锑的最大允许浓度为 6 μg/L，中国规定饮用水中锑的最大允许浓度为 5 μg/L。

锑在地壳中的含量约为 0.000 1%，是全球相对稀缺的战略金属资源，被广泛用于阻燃材料、聚酯催化剂、蓄电池、光伏玻璃、特殊合金、荧光粉、电子陶瓷、医药、军事国防等领域，被称为"工业味精"，对保障人民生命安全和国民经济发展起着极其重要的作用。根据美国地质调查局发布的 *MINERAL COMMODITYSUMMARIES* 2023，2022 年全球锑探明储量超过 180 万 t，主要集中在中国、俄罗斯及玻利维亚，其中中国储量占比最大；全球锑矿产量约 11 万 t，主要集中在中国、俄罗斯及塔吉克斯坦，其中中国产量占比约为 55%；锑金属稀缺程度极高，以 2022 年锑矿资源储量及锑矿产量计算，全球锑金属静态储采比仅为 16∶1，中国锑金属静态储采比仅为 6∶1。早在 2010 年，欧盟就将锑列为极为重要的战略储备金属，发布的供应紧缺名单中锑位列首位；2018 年，美国将锑列入 35 种最关键的矿产清单，对锑资源只进行勘探而不开采；2022 年，美国地质调查局发布的《2022 年对美国国家安全至关重要的矿物清单》中，锑以用于铅蓄电池和阻燃剂位列其中。1991 年 1 月 15 日，国务院发出《国务院关于将钨、锡、锑、离子型稀土矿产列为国家实行保护性开采特定矿种的通知》（国发〔1991〕5 号），明确锑（包括锑精矿、硫化锑、氧化锑、精锑等产品）是中国的优势矿产，在世界上具有举足轻重的地位，对在中华人民共和国领域及管辖的其他海域进行这些矿产的开采、选冶、加工、销售、出口实行政府审批管理制度；2009 年我国国土资源部曾下发《2009 年钨矿锑矿和稀土矿开采总量控制指标的通知》，首次对锑矿实行开采总量控制管理，并暂停受理锑矿探矿权采矿权申请；2016 年，国土资源部发布《全国矿产资源规划（2016—2020年)》，将锑等 24 种矿产列入战略性矿产目录。

中国拥有世界上最为丰富的锑资源储备量。我国汞锑矿床按其产出地质构造与成矿特征可划分为 6 个成矿带，分别为扬子地台南缘成矿带、秦岭成矿带、华南成矿带、三江成矿带、沿海成矿带和藏北成矿带。目前，我国已查明锑矿资源分布广泛，在 18 个省（区）分布着 114 座锑矿，但数量集中于湖南、广西。广西壮族自治区锑矿储备量最多，而湖南省出产的锑矿数量则居全国首位。世界上最大的锑矿位于中国湖南锡矿山地区。

2017—2022 年《中国矿产资源报告》显示，2017 年中国新增查明锑资源储量为 14.04 万 t，2018 年新增查明锑资源储量为 18.70 万 t，2019 年新增矿产锑资源量为 19.30 万 t，2020 年新增矿产锑资源量为 3.2 万 t，2021 年锑矿储量变为 64.07 万 t。中国锑矿潜在资源量为 1 518 万 t，资源查明率为 17.4%。2012—2020 年，我国规模以上锑企业数量从 109 家减少至 58 家，锑资源进一步向优势企业聚集。2017—2020 年，我国锑矿采选能力分别从 19.1 万 t 和 21.5 万 t 下降至 14.8 万 t 和 15.2 万 t，降幅分别为 22.5% 和 29.3%。目前，已经形成湖南、广西、云南、贵州四大锑产业基地，基地内的闪星锑业、辰州矿业、木利锑业、东峰锑业、久通锑业、华锡集团等骨干企业均为采选、冶炼、加工一体化生产企业，锑品合计产量占全国总量的 70% 以上。

中国是世界锑资源大国，也是锑生产大国。随着我国锑行业供给侧结构性改革不断深入，锑品产量过快增长情况得到有效抑制，2013 年，达到 26.3 万 t 历史峰值后开始稳步回落。2015—2021 年，我国锑品产量进入稳定阶段，始终保持 20 万 t 的总量规模。同时，我国锑品结构也在持续优化，后端深加工锑品占比明显提高，包括高纯三氧化二锑在内的多系列多规格三氧化二锑、乙二醇锑、锑酸钠以及阻燃母料等深加工产品的产量逐年增长，具备良好阻燃性能及加工性能的锑系复合阻燃剂和高纯锑方面取得了突破性进展，锑产品结构向高端方向进一步延伸。

1.1.2　锑资源消费情况

中国是世界上最大的锑消费国。中国锑消费的主要产品有精锑、氧化锑、生锑和锑酸钠等，由于用户比较分散，尚缺乏完整的统计数据。目前，中国锑消费的主要领域涵盖玻璃澄清剂、日用搪瓷制品用锑釉氧化锑、橡胶及纺织制品阻燃剂用氧化锑、涤纶聚酯和氟利昂催化剂用氧化锑、脱色剂用锑酸钠以及烟火和火柴用硫化锑等。

锑的主要消费产品有：

（1）玻璃澄清剂。氧化锑（Sb_2O_3）、锑酸钠（$NaSbO_3$）、水合锑酸钠 $[NaSb(OH)_6]$ 等都可用于玻璃生产中作澄清剂，其中 Sb_2O_3 用于普通玻璃，$NaSbO_3$ 和 $NaSb(OH)_6$ 用于显像管玻壳、光学玻璃及各种高级玻璃。

Sb_2O_3 作玻璃澄清剂使用时，要和硝酸盐并用，其原理为，在 1 000～1 200℃下，Sb_2O_3 被硝酸盐释放出的氧氧化，生成 Sb_2O_5（$Sb_2O_3 \longrightarrow Sb_2O_5$）；当温度达到 1 300℃时又释放出氧，还原为 Sb_2O_3（$Sb_2O_5 \longrightarrow Sb_2O_3$），从而起到澄清作用；在冷却过程中 Sb_2O_3 再次变成 Sb_2O_5，这样便把氧气气泡吸收去除。一般玻璃中 Sb_2O_3 的用量为 0.05%～0.5%。$NaSbO_3$ 和 $NaSb(OH)_6$ 作为玻璃澄清剂比氧化锑的效果要好，它们单独使用所起作用与氧化锑相似，即高温时生成 Sb_2O_3 放出氧，冷却时 Sb_2O_3 再转变成 Sb_2O_5 吸收氧气气泡，从而达到澄清玻璃的目的。

（2）日用搪瓷制品用锑釉氧化锑。中国是世界上最大的日用搪瓷制品生产国，产品不仅能够满足国内市场需要，而且大量出口。氧化锑在搪瓷工业中用作添加剂，以增加釉面的不透明性和表面光泽。

（3）橡胶及纺织制品阻燃剂用氧化锑。随着 Sb_2O_3 超微细技术的发展，能够得到粒

径更细的 Sb_2O_3，其添加性能更好。阻燃剂中 Sb_2O_3 替代产品的发展十分缓慢，主要原因是我国锑产量巨大且锑锭价格（均价 40 500 元/t，2016 年 8 月）仍处在较低水平。

（4）涤纶聚酯和氟利昂催化剂用氧化锑。主要包括氧化锑、醋酸锑和氯化锑，约占国内氧化锑消费量的 18%。

（5）合金材料添加剂。锑是铅合金中用量最大的合金元素。锑部分固溶于铅，使铅合金的硬度、强度提高，并增加对硫酸的耐蚀性。用于化工设备和管道材料时，以含锑约 6% 的铅合金为宜；用作连接构件时，以含锑 8%～10% 的铅合金为宜。含锑铅合金品种较多，根据成分、性能的不同可以分成 3 组：铅锑合金、硬铅合金和特硬铅合金。

锑的加入可使锡合金的强度显著提高，故含锑的锡合金可作为轴承材料使用。锡合金有 SnSb2.5（含锑 1.9%～3.1%）及 SnPb13.5-2.5（含铅 12.0%～15.0%、含锑 1.75%～3.25%）两种牌号。锡合金的箔材在电气、仪表等工业中用于制造零件。例如，SnSb2.5 合金，其厚 0.05 mm 的箔材可用作子弹壳底火垫片；SnPb13.5-2.5 合金，其厚 0.02 mm 的箔材可用于制作电容器。

较著名的含锑合金有：印刷活字合金，成分（质量分数）为 Sn 2%～4%、Sb 10%～13%、Pb 83%～88%，特点为在冷却凝固时轻微膨胀，所以能制成轮廓清晰的铸件；巴氏合金（也称白色合金），根据成分可分为锡巴氏合金（以锡为基体的锡—锑—铜合金）和铅巴氏合金（以铅为基体，以铅部分或全部代替锡的合金），因其极高的耐磨性，可用于轴承制造。

（6）烟火和火柴用硫化锑。中国是世界上最大的烟火和火柴生产国，但目前，该产业的发展已经受到限制，进一步发展的空间很小。

1.1.3　锑资源开发利用和存在问题

1970 年，全球锑生产分布相对均匀，中国锑矿产量约占全球产量的 1/5。1980 年，国际锑价下跌，其他锑矿生产国大幅减产，中国锑矿产量由于矿山大型化及易采易选的资源优势快速增长，逐渐形成中国主导全球锑矿生产的格局。1990 年，世界的锑冶炼中心逐渐转移到中国，中国在锑资源和冶炼加工方面形成了双重的主导地位。2000—2010 年世界矿业开发进入高潮期，整个矿业开启了一场以实现最高产量和最低单位成本为目标的竞争，锑矿也是如此，俄罗斯、澳大利亚等国的锑矿资源在这 10 年间逐渐被开发。2010—2019 年，国内锑矿开发利用程度较高，资源消耗量大，深部开采成本刚性上涨，近年来国内没有发现具有较大经济价值的锑矿床，锑资源保有量和质量呈下降趋势。从保有资源质量来看，品位在下降。2017—2019 年，随着环保压力增大，国内部分小矿山关停，主要产锑企业基本维持了探采平衡。

总体而言，凭借锑矿资源的优势，我国锑工业经过多年发展，形成了成熟完备的产业链，产能结构持续优化、产品结构向高端方向不断延伸、行业集中度稳步提高、绿色发展效果显著、冶炼水平领跑世界、科技协同创新发展、应用领域不断拓展，长期以来对全球锑产业的格局具有重要影响。但目前仍然存在以下问题：

（1）矿产储量和优质资源逐步减少，资源和供给格局发生转变。近年来，我国锑矿开发利用程度高，资源消耗量大，大型及超大型在产矿山多数已经开采 50 年以上，部分矿山成为了危机老矿山。1995—2001 年，我国锑精矿年产量一直居高不下，消耗了大量资源；2021 年已探明锑矿储量降为 64.07 万 t，储量基础为 102.6 万 t。我国累计查明具有经济价值的锑资源量中 63%的锑资源已被消耗，地质品位逐年降低，尤其是以湖南为代表的易采易选的辉锑矿资源。近年来，俄罗斯、吉尔吉斯斯坦、塔吉克斯坦等国家陆续发现新的锑矿床，并已陆续进入开采阶段；阿曼锑冶炼厂投产，墨西哥锑冶炼厂增产，锑行业的资源和供给格局正在发生转变。随着我国锑精矿的产量逐渐下降，对行业的影响力及定价权可能会逐渐减弱。

（2）开发利用的深度和难度加大。我国大部分锑矿由于矿脉薄，受限于已成型的开拓系统，难以实行机械化采矿，传统采矿方法面临人力成本和生产成本刚性上升的困境。在已探明的 166 个锑矿中，已开发的锑矿为 71 个，当前经济技术条件下难以被开发利用的锑矿有 59 个，可规划利用的锑矿只有 36 个，这 36 个锑矿多数都是中小型规模的多金属矿床，矿石成分较为复杂，伴生有白钨矿、方铅矿、金矿，选冶上存在一定难度。

（3）盲目发展对生态环境造成破坏。早年，我国锑生产企业的规模普遍不大，锑价的反复变化也迫使企业千方百计降低生产成本，忽视了开发利用过程中有毒有害物质对生态环境和人体健康的影响。在国际低价锑精矿原料的冲击下，将会进一步倒逼国内部分开采成本较高的矿山停产。

目前，我国锑行业要实现高质量发展，就必须加大全球战略性资源占有力度，开展绿色化和智能化改造，优化结构调整和行业整合，加大科研投入。

1.2 锑污染的来源与特征

锑污染一方面源于自然本身，另一方面源于人类活动。大多数锑的污染都来自工业源排放、矿山开采、矿石冶炼、燃料燃烧、铜电解精炼以及含锑产品的制造与使用。研究表明，相对于 Sb(Ⅲ)来说，Sb(Ⅴ)更容易被溶解。除了氧化的影响，pH 对于锑的形态影响也极为重要。在 pH 为 1～11 的环境下，Sb(Ⅲ)主要是以 $Sb(OH)_3$、$SbO(OH)$ 或 $HSbO_2$ 的形式存在。在强酸条件下 Sb(Ⅲ)的存在形式发生改变，主要是以正离子 SbO^+ 或 $Sb(OH)^{2+}$存在；而在碱性条件下，Sb(Ⅲ)的存在形式主要为带负电荷的离子〔如 SbO_2^- 或 $Sb(OH)_4^-$〕。

1.2.1 采矿与冶炼

采矿和冶炼是环境中锑污染物的重要来源。采矿作业中，研磨、选矿以及尾矿、污水的处理等过程都会产生大量的锑。中国是最早发现及开采锑矿的国家之一，且我国的锑储量常年居于世界首位。我国的锑矿位置相对集中，按在锑矿总量中的占比来说，大多位于广西壮族自治区（34.4%）、湖南省（21.2%）、云南省（12.2%）与贵州省（10.2%）等西南部省（区）；按锑矿数量来说，锑矿集中于 8 个省（区）：湖南省（117 个）、云南省（108 个）、西藏自治区（83 个）、广西壮族自治区（51 个）、贵州省（44 个）、湖北省（38 个）、青海省（36 个）和新疆维吾尔自治区（26 个），它们的锑矿数量总和占全国锑矿总量的 76%。湖南省有许多超大型、大型、中型锑矿，包括素有"世界锑都"之称、位于湖南省中部的世界上最大的锑矿山——锡矿山，以及新化锡矿山、渣滓溪、罗城、板溪这四大矿区。其他省级行政区也拥有大量锑矿，如广西壮族自治区大厂锡铅锌锑矿田等超大型锑矿、扎赉西锑矿，以及广西河池乌峪建珠坡锑矿和贵州独山半坡锑矿等。

采矿与冶炼的过程中产生大量废物，同时也向环境排放了大量的锑。目前我国锑矿的开发还处于保障程度较低的状态，即开采强度大、勘查工作投入不足、资源保护力度不强，这也进一步导致我国锑矿资源面临枯竭。由于锑行业的冶炼技术工艺水平低下、绿色冶炼技术有待研发，在冶炼过程中产生了大量的含锑废气，并排放到大气中。2010 年，有学者在对中国湖南省冷水江的西锑矿区附近的饮用水及鱼类样品的研究中发现，该水生态环境存在严重的锑污染和中度的砷污染，饮用水中的锑浓度已经超过中国饮用水水质标准的 13 倍；同时也发现了水是鱼体内积累锑的主要来源，其鳃与肾脏等器官是积累锑的主要器官。研究表明，岩石的分化会导致锑等有毒元素进入水环境与土壤中，而采矿与冶炼等活动无疑加速了这个过程，成为锑污染的一个重要来源。

1.2.2　煤炭燃烧

在自然界中，煤与其他化石燃料中含有锑，虽然锑的含量并不高，在 0.05～10 µg/g，均值为 1 µg/g，但由于中国煤炭燃烧量巨大，70%左右的能量消耗来自煤炭燃烧，故其对环境的潜在危害不可忽视，煤炭燃烧也因此被认为是人为排放锑的源头之一。据统计，中国人为造成锑排放的活动中，化石燃料燃烧是大气中锑污染的主要来源，占比约 60%；其次是有色金属冶炼，占比约 25%。在煤炭燃烧的过程中，锑一般通过两种途径排放到环境中，第一种是直接排放，即通过高温处理，燃料中的锑挥发进入大气环境；第二种是间接排放，即通过燃烧燃料剩下的副产品浸出，从而释放到水、土壤等环境中。土壤与水环境被燃煤残留物污染，使得许多地区锑的浓度超过安全阈值。例如，张晓茹等在亚洲青年运动会期间对南京奥体中心周围的 $PM_{2.5}$ 进行观测，发现空气中锑的浓度为 1.8 ng/m^3，其中锑的主要来源是燃煤活动。而对照其他案例，如北京奥运会、上海世博会等，其举办活动期间 $PM_{2.5}$ 中重金属的成分明显下降，这与我国很多地方重视污染防治有关。此外，在土耳其与波兰南部的 $PM_{2.5}$ 与 PM_{10} 中也检测出了锑，其主要来源仍然是燃煤与有色金属冶炼。

1.2.3　铜电解精炼

在铜电解精炼的过程中，其阳极通常会积累（50～500）$\times 10^{-6}$ 的锑以及其他金属杂质，如砷、铁等，而在发生溶解后，锑又常以氧化物夹杂的形式存在。在电解过程中，锑的浓度必须控制在 500×10^{-6} 以下，以避免污染阴极铜。一般情况下，去除杂质的方法包括电解法、溶剂萃取或离子交换树脂等。

1.2.4　锑产品的使用

公元前 3100 年，埃及人已经开始把 Sb_2S_3 作为化妆品。近年来，锑被广泛运用于塑料行业、电池制作行业及核工业等行业。有关锑的产品也层出不穷，包括刹车片、阻燃剂、铅酸电池等，它们在生活中被人类大量使用。目前，锑的传统下游消费主要分布在四大领域。其中，阻燃剂为其主要应用场景，占比达到55%；铅酸电池、聚酯催化和玻璃陶瓷分别占15%、15%、10%。另外，锑是光伏澄清剂的必需元素，焦锑酸钠作为一种优良的澄清剂被主流光伏玻璃企业选择。

Sb_2O_3被广泛运用于许多产品的生产过程中，如被用作白色电子外壳、乐高积木、圣诞饰品等塑料中的阻燃剂。其作为阻燃剂时通常与有机溴化物一并使用。这些产品，尤其是电子产品，在废弃后运输到垃圾填埋场或进行焚烧处理时，会有有毒物质释放到环境中，从而对环境造成重大污染，并对人体健康产生威胁。在模拟填埋条件下，城市固体废物中有锑渗出的情况。在电子设备检测的废物中，塑料配件会浸出大量的锑，这对水生环境及土壤环境会造成不可逆转的破坏。

PET塑料主要被运用于食品包装行业及制造纺织纤维，其具有低密度、物理性质稳定以及可回收等良好的特性。典型PET瓶中的锑含量约为（213±35）mg，而在温度超过40℃的情况下，会发现装在PET瓶中的矿泉水中的锑含量明显增高。Shotyk等对来自3个德国品牌的PET瓶与玻璃瓶中的水进行检测，结果表明，PET瓶中水的锑含量是玻璃瓶中水的30倍。尽管人们对于在PET产品的生产中使用锑表示十分担心，但锑目前仍是缩聚催化剂的主要成分，因此不可避免地对环境及人体健康造成危害。

锑也被用于制造盐酸电池，通常作为正极板。早期，电池中含有5%～11%的锑，而如今其中的锑含量已降至0.05%～3%。但是，锑对铅酸电池的性能方面有巨大的影响，在一定程度上决定着铅酸电池的循环寿命以及自放电特性。尤其是板栅中锑含量减少，会导致合金的机械性能下降；另外，也会增加腐蚀层的电阻。目前，其他合金也被用于铅酸电池来替代铅、锑合金。在回收过程中，常将氧化铝加入含锑的熔体中，在真空条件下蒸发与回收。现阶段铅酸电池的使用频率下降，所以其带来的锑污染预计也将逐年减少。

刹车片的磨损及汽车刹车片的废弃也会造成锑污染，因为刹车片表面含有的固体润滑剂Sb_2S_3在制动性能中起到重要作用，但其在600℃的高温下会发生反应，继而氧化分解。2001—2006年，在北京收集的气溶胶中发现了锑的富集因子，其来源则主要是刹车片磨损以及煤的燃烧。研究发现，刹车片的磨损是城市大气中Sb(Ⅲ)的主要来源，而其氧化后会生成Sb(Ⅴ)，之后它们会被吸入人体内，对人体造成不可逆转的伤害。通过实验对比发现，工作在车辆频繁刹车地段的工人，其血液中锑的浓度是对照组的5～

10 倍。可见，汽车刹车片的磨损会使锑进入空气中，进而通过呼吸进入人体内。除此之外，随意丢弃刹车片也会给环境带来巨大的危害。每块刹车片中锑的含量约为 1.62×10^4 mg/kg，其对土壤、水与空气环境会造成严重污染。研究发现，在随意丢弃刹车片的土地中，锑的含量是一般土地的 3 000 倍。

射击场中的子弹也会渗出锑。子弹中的锑含量为 2%～4%，它可以使合金更加坚硬，防止子弹变形。据统计，在瑞士，每年有超过 25 t 的锑进入射击场的土地中。而在美国这种情况更加严重，每年射击场土地沉淀物中的锑高达 1 900 t。而且只要土壤中存在腐蚀的子弹，风化壳上就会出现次生的铅和锑，从而成为土壤锑污染的重要来源。

1.2.5 核工业

核工业也会带来锑污染，这个隐患也是全球核工业开始关注的一个新问题。在之前的研究中，大部分反应堆活动的主要成分来自钴-60。但近 10 年，锑的同位素已经成为核反应堆中活动份额的重要贡献元素。其具有 3 种放射性同位素，包括两种活化核素和一种裂变产物。在加拿大洛维萨核电站（VVER-440），有研究数据显示，负责维修工作的员工受到的总辐射量的 50% 来自锑辐射。因此，去除锑的同位素对环境保护具有重大意义。

1.3 我国锑污染及治理措施

1.3.1 我国锑污染环境问题

1.3.1.1 水体锑污染

水体作为人类生存必不可少的自然资源，其水环境的安全问题关乎生态稳定与人类健康，因而受到全球广泛关注。在我国，未受锑污染的水体中锑主要以低浓度存在，普遍在 1.00 μg/L 以下，如湘江、沅江的锑浓度分别仅为 0.27 μg/L、0.20 μg/L。水体中的锑污染一部分来源于土壤、岩石风化和大气沉降，浓度为 0.01～1.50 μg/L。另一部分来源于人类活动，尤其是锑矿开采和冶炼活动。这些活动加快了矿石中的锑物质迁移到生态环境中的速度。我国矿区周边的水体都出现了不同程度的锑污染现象，且锑浓度严重超出《地表水环境质量标准》中 5 µg/L 的规定。例如，湖南锡矿山在 100 多年的生产过程中，曾累积了近亿吨炉渣和上百万吨砷碱渣，由于这些废渣数量庞大、随意露天堆放，又经雨水长期淋洗冲刷，造成矿区地下水中锑的最大含量高达 22 980 µg/L，超过我国饮用水安全标准 4 596 倍；锡矿山含锑废水流入附近的涟溪河中，使得河中锑含量高达 1 110 µg/L，高出我国饮用水安全标准 222 倍，最后水体汇入长江的主要支流资江，造成资江严重的水体锑污染。广西大厂多金属矿区所排放的污水中锑含量最高时曾达到 5 475 µg/L，是《锡、锑、汞工业污染物排放标准》规定限值的 5 倍多；该矿区采矿活动对矿山周边环境影响范围达 120 km。同时，大厂多金属矿区的采矿活动也导致周边河流中锑含量严重超标，在枯水期，河流中锑平均含量为 630 µg/L，在丰水期为 497 µg/L，分别是我国饮用水标准限值的 126 倍和 99 倍。若矿区靠近河流上游，河流中的锑含量则呈上游高、下游低的趋势，如贵州丫他金矿附近河流中测定的锑含量为 129～363 µg/L，河流流出丫他镇河段后锑含量就下降至 7.6 µg/L，河流下游段与其他河流汇合后，锑含量还会进一步下降，低至 1.4 µg/L。除以上矿区外，其他矿区也曾出现过严重的锑污染，如湖北大冶铁山铁矿区、贵州半波锑矿区和云南巍山锑矿区的地表水中，最大锑含量分别为 52.77 µg/L、546 µg/L 和 1 724 µg/L。

此外，城市扩张、人口聚集及工农业生产活动也是水体锑污染的主要途径。曾有学者分析了长江的锑浓度，发现表层水和底层水之间存在一定的锑浓度差。在表层水中的 Sb(III) 和 Sb(V) 浓度分别达到 0.029～0.736 µg/L 和 0.121～2.567 µg/L，而底层水 Sb(III) 和 Sb(V) 的浓度明显低于表层水中的浓度，浓度分别为 0.023～0.116 µg/L 和 0.047～0.441 µg/L。有学者通过对汉江上游地表水中锑含量进行检测，发现锑含量表现出显著的季节性。在丰水期，地表水中的锑含量高达 77.1 µg/L，而在枯水期，则下降至 5.4 µg/L，其丰水期的含量明显高于枯水期。

1.3.1.2 土壤中的锑污染

世界土壤中锑的背景值为 0.3～8.6 mg/kg，平均含量约为 1 mg/kg。1991 年，我国的齐文启和曹杰山两位学者通过对全国 34 个省（区、市）的 823 个土壤样品中的锑含量进行调查，测出我国土壤中锑的背景含量为 0.38～2.98 mg/kg，平均浓度为 1.06 mg/kg，而世界卫生组织规定锑的土壤最大允许值为 5 mg/kg。由于我国华南地区锑矿数量占全国锑矿总数的 85.50%，其中广西、云南、贵州等省（区）锑矿尤其丰富，所以其土壤中的锑含量显著高于全国平均水平，达到 2.00 mg/kg 以上，造成了不同程度的锑污染。例如，广西壮族自治区土壤中的锑平均含量达到 2.12 mg/kg，贵州省兴义市和六盘水市土壤中锑的平均含量高达 5.80 mg/kg 和 6.78 mg/kg。

过度无序的矿山开采与冶炼、高强度的工业发展以及超负荷的农业生产在带来一定经济效益的同时，将大量的重金属迁移至土壤环境中，造成土壤重金属污染。在中国，对土壤锑污染的众多调查表明，锑污染主要来源于矿产资源的不合理开发利用，且集中于锑矿丰富的西南省（区）。如素有"世界锑都"之称的湖南省冷水江市，有着全球规模最大、产量最高的锑矿区，锑资源保有储量高达 30 万 t。历经了 110 年的矿石开采和冶炼，该矿区积累了大量残留的尾矿、废物未进行妥善处理，土壤中的锑元素持续积累，导致矿区及冶炼厂附近土壤中的锑浓度达 108～4 029 mg/kg，锑污染现象严重。贵州省作为产锑大省，曾经锑污染事故频发。例如，拥有近百年开采历史的贵州省半坡锑矿，开采活动遗留下的大量固体废物随意堆积，锑物质经大气沉降、地表径流和地下渗流等途径进入周边的土壤中，使土壤中的锑高度富集，达到 51～7 369 mg/kg，其土壤中的锑含量明显表现为采矿区＞冶炼区＞尾矿区。陈秋平等通过对贵州晴隆锑矿区土壤中锑、砷污染状况进行调查，发现土壤中锑含量为 2.49～433.08 mg/kg。广西河池铅锑矿冶炼厂地处山间谷地，三面环山，工业废气难以正常疏散，使得废气中的锑物质沉降并富集于土壤中，周边环境土壤中的锑含量达到 155～48 859 mg/kg，对生态环境与人类健康产生巨大威胁。在江西德安锑矿区，其周围土壤中锑含量达到 133～593 mg/kg，平均含量为 363 mg/kg。而在一些非锑矿区，锑污染程度相对轻微。例如，湖北黄石的大冶铁山地区，土壤中的锑含量为 0.62～4.56 mg/kg，平均含量为 1.90 mg/kg。崔翠琪等对安徽省淮北及淮南地区的 3 个煤矿区进行土壤中锑含量的检测，在采集的 33 份土壤样品中，发现超过 75% 的土壤样品出现严重的锑超标，锑平均含量达到 4 mg/kg，可见煤矿区附近也存在一定程度的锑污染。

1.3.2　我国锑污染防治政策及措施

1.3.2.1　适时优化政策法规，完善管理制度

我国重金属污染是在长期的矿产开采、加工以及工业化过程中累积形成的。"十二五"时期，重金属污染物排放总量仍处于高位水平，历史遗留问题比较突出，部分地区

特别是重有色金属采选等矿区重金属污染依然较为严重，威胁着群众健康和农产品质量安全，社会反映强烈，控制重金属污染物排放量，防范重金属环境与健康风险是一项艰巨而重要的任务。"十二五"期间，发布了《锑冶炼行业准入条件》《锡、锑、汞工业污染物排放标准》，制定并实施了《重金属污染综合防治"十二五"规划》，超额完成重点区域重点重金属污染物排放总量比 2007 年减少 15% 的目标，涉重金属突发环境事件数量大幅减少，基本遏制了重金属污染事件的高发态势。推动湖南省落实《湘江流域重金属污染治理实施方案》，株洲清水塘、郴州三十六湾、娄底锡矿山、衡阳水口山和湘潭竹埠港等地区企业关停搬迁和污染治理取得积极成效，区域生态环境质量持续改善。2013 年，国务院印发《大气污染防治行动计划》，加强有色金属冶炼等重点行业大气污染综合治理和清洁生产审核。2014 年修订《中华人民共和国环境保护法》，对破坏环境的涉事企业提出了按日计罚、环境污染责任保险、生态补偿等多项管控制度。

"十三五"时期，生态环境保护督察制度从无到有，不断向纵深推进。第一轮督察从 2015 年年底开始试点，到 2018 年完成并开展"回头看"；第二轮督察从 2019 年启动，到 2022 年上半年，分 6 批完成了对全国 31 个省（区、市）和新疆生产建设兵团、2 个国务院有关部门和 6 家中央企业的督察。中央生态环境保护督察奔着问题去，查处了一批破坏生态环境的重大典型案件，解决了一批人民群众反映强烈的突出环境问题，取得显著成效，实现很好的政治、经济、环境和社会效果。2015 年，国家发展改革委等部门发布施行《锑行业清洁生产评价指标体系》；国务院先后印发《水污染防治行动计划》和《土壤污染防治行动计划》。2018 年，生态环境部、国家发展改革委联合印发《长江保护修复攻坚战行动计划》；生态环境部发布了《关于加强涉重金属行业污染防控的意见》，聚焦重点行业（包括锑采选和冶炼）、重点地区和重点重金属污染物，坚决打好重金属污染防治攻坚战，重点行业重点重金属污染物排放量得到较好控制，重金属污染防控工作取得积极成效。

"十四五"时期，鉴于我国重金属环境管理仍比较薄弱，重点行业企业布局不合理和治理水平不高的局面未根本改变，一些地区涉铊涉锑环境污染事件仍时有发生，历史遗留重金属污染问题日益凸显，威胁生态环境安全和人民群众健康，重金属污染治理工作成效还不稳定，与人民群众的期待还有差距，我国于 2021 年发布《中共中央 国务院关于深入打好污染防治攻坚战的意见》，要求"加强重金属污染防控，到 2025 年，全国重点行业重点重金属污染物排放量比 2020 年下降 5%"；编制《"十四五"生态环境保护规划》，对加强重金属污染防控也作出专门部署。2022 年制定了《关于进一步加强重金属污染防控的意见》，将锑列为重点防控的重金属污染物，将锑矿采选和锑冶炼行业纳入重金属污染防控的重点行业，并从推进重点行业减排、强化监控预警、完善标准体系等方面提出锑产业污染治理要求，不断督导各地提升锑等重金属环境风险防控能力。《关于进一步加强重金属污染防控的意见》提出到 2025 年，全国重点行业重点重金属污染物排放量比 2020 年下降 5%，重点行业绿色发展水平较快提升，重金属环境管理能力进一步增强，推进治理一批突出历史遗留重金属污染问题；到 2035 年，建立健全重金属污染防控制度和长效机制，重金属污染治理能力、环境风险防控能力和环境监管能力得到全面提升，重金属环境风险得到全面有效管控。2021 年，国家发展改革委先后印发《关于加强长江经济带重要湖泊保护和治理的指导意见》《"十四五"重点流域水环境综合治理规划》，对包括资江在内的洞庭湖流域"十四五"时期生态环境治理工作作出了全面部署。另外，生态环境部牵头编制的《"十四五"重点流域水生态环境保护规划》，也对资江水系锑污染治理提出具体任务措施，包括严格锑污染物排放控制，实施娄底市青丰河、涟溪河和益阳市沾溪锑污染物综合整治等。为深入推进"十四五"时期长江生态保护和修复工作，生态环境部、国家发展改革委等 17 部门于 2022 年 9 月联合印发《深入打好长江保护修复攻坚战行动方案》，强化系统观念，明确以河湖为统领，推动形成水环境治理、水生态保护、水资源保障"三水统筹"格局，提出强化工业、农业、生活、航运、尾矿库污染治理，加强锰、镉、铊、锑等重金属及塑料污染防治；针对涉镉涉铊涉锑等重金属污染防治，要求开展重点排查，实行名录管理。各地相关部门结合本地区突出的重金属污染问题，加强涉铊涉锑等污染防治，推进解决区域性、特色行业污染问题。

近年来，通过持续深入打好污染防治攻坚战，加快推动发展方式的绿色低碳转型，着力提升生态系统的多样性、稳定性、持续性，积极稳妥推进碳达峰碳中和，守牢美丽中国建设安全底线，健全美丽中国建设保障体系，中国正在由全球环境治理的参与者向引领者转变。

1.3.2.2 分区分类系统防治，全面提升环境质量

（1）分区管控、分类施策。全面推进生态环境分区管控，全国共划定了约 4 万个环境管控单元。打造绿色发展高地，深入推进京津冀协同发展、长江经济带发展等国家区

域重大战略生态环境保护工作，健全优化区域联防联控机制，形成共保联治的良好格局。深化生态文明示范创建，命名了 6 批 468 个生态文明建设示范区和 187 个"绿水青山就是金山银山"实践创新基地，引导各地积极探索绿色低碳高质量发展的新路子。完善重金属污染物排放管理制度，完善全口径清单动态调整机制，加强重金属污染物减排分类管理，推行企业重金属污染物排放总量控制制度，探索重金属污染物排放总量替代管理豁免。例如，锡矿山相继被列为全国 38 个重金属污染治理重点区域之一、湖南省湘江流域治理与洞庭湖保护五大重点区域之一、湖南省政府"一号重点工程"的五大重点历史遗留治理区域之一。

（2）严格准入，优化布局。主要是严格重点行业企业准入管理，依法推动落后产能退出，优化涉重金属产业结构，优化重点行业企业布局。例如，河池市创建金属新材料国家级军民融合示范区，积极推进锑等国家战略金属新材料精深加工，布局新一代太阳能电池等产业链高端产品，打造千亿元级生态环保型有色金属产业集群。冷水江市近年来从源头企业入手，关停涉重金属企业 89 家，取缔非法锑企业 6 家、手工选矿小作坊 145 处，关闭淘汰落后产能 17.5 万 t，锑采矿权从 12 家整合为 2 家，锑冶炼企业从 91 家整合为 9 家，积极推动锑产品精深加工产业链建设。作为全球最大的锑品生产商，锡矿山闪星锑业通过创新和整治提高，锑产品已经形成集采、选、冶炼、科研和深加工于一体的产业结构，并资源化回收锑矿石中的贵重金属，建设锑冶炼黄金回收生产线。

（3）突出重点，提升质量。深化重点行业重金属污染治理，主要是加强重点行业企业清洁生产改造，推动重金属污染深度治理，开展企业排查整治行动，加强涉重金属固体废物环境管理，推进涉重金属历史遗留问题治理。推动减污降碳协同增效，实施山水林田湖草沙等生态环境保护修复重大工程，大力推动环境基础设施建设；开展以生态环境为导向的项目开发（EOD）创新试点，大力发展生态环保产业。例如，《娄底冷水江锑煤矿区山水林田湖草系统治理》成功入选自然资源部发布的《中国生态修复典型案例集》，通过项目实施积极消化历史欠账，结合历史遗留矿山生态修复、当地独特的地质条件、地质现象和历史文化遗址，深入挖掘和开发锡矿山工矿文化资源、地质演变资源、红色文化资源，主动谋划生态转型发展，积极探索形成了"生态观光+矿业文化+地质研学+红色教育"的新模式，取得了显著成效。

（4）健全标准，严格执法。完善重金属污染物标准体系，例如，湖南省启动《地表水非饮用水源地锑环境质量标准》的制定。开展涉锑污染溯源调查与治理，强化重金属污染监控预警，多地区锑自动监测体系初具规模。建立由生态环境部门与司法部门联动的执法机制，强化涉重金属执法监督力度，强化涉重金属污染应急管理，对于涉锑产业集中分布的地区，要加快研究制定地方性生态环境标准，推动解决区域性特色行业污染问题。加强重金属污染监管执法，坚决遏制高耗能、高排放、低水平的项目盲目发展。

（5）落实责任，社会共治。要求各省（区、市）制定工作方案，明确年度减排目标，细化任务分工，逐项落实工作任务，确保各项工作顺利开展；定期调度各省（区、市）重金属污染防控工作进展、减排工程完成情况，对于进展滞后的地区，实施预警，对未执行总量替代政策的地区，进行通报；加强对各地工作的指导帮扶，帮助地方解决工作中的困难和问题，从技术、资金等方面支持各地开展重金属污染治理；督促企业建立重金属污染物产生、排放详细档案，推动重点行业企业、重点监管单位、重金属排放环境信息公开，鼓励社会公众参与，引导公众积极参与重金属污染防治，支持各地将举报重点行业企业非法生产、不正常运行治理设施、超标排放、倾倒转移含重金属废物等列入有奖举报重点奖励范围。

1.3.2.3 加强资金支持，拓宽资金来源

国家发展改革委充分发挥中央预算内投资作用，自 2016 年起，中央财政整合设立土壤资金，采取转移支付的方式对属于地方财政事权的土壤污染防治工作进行支持。截至 2021 年年底，中央财政累计安排土壤资金 329 亿元，先后支持 2 000 余个土壤污染防治重点项目，其中历史遗留废渣调查、治理等土壤污染源头防控类项目 800 余个。2022 年，生态环境部会同财政部修订并印发《土壤污染防治资金管理办法》，加强土壤重金属污染源头防治，支持涉重金属历史遗留矿渣污染治理，明确将 50%的土壤资金侧重于支持矿渣综合治理以及污染防渗。在重金属污染治理资金项目方面对湖南给予重点支持，2010 年至 2020 年，协调财政部累计安排中央重金属污染防治专项资金和土壤污染防治专项资金近 95 亿元支持湖南省污染治理工作，约占当期全国相关资金总量的 20%，对于减少重金属污染、改善地区环境质量起到了积极作用。2021 年，中央财政继续安排水污染防治资金 25.25 亿元和土壤污染防治资金 5.03 亿元，用于支持湖南省开展流域水污染治理和土壤污染防治等工作。另外，2016 年以来累计分别支持河南、湖北、陕西 3 省重点流域水环境综合治理中央预算内投资 25.87 亿元、19.01 亿元和 9.23 亿元，支持流域内地区实施了一批城镇污水和垃圾处理、河道整治、饮用水水源地保护等项目，有

效提升了水环境综合质量。"十三五"期间，支持相关省份实施 3 批共 25 个山水林田湖草生态保护修复工程试点，中央财政累计下达奖补资金 500 亿元。2021 年，将 10 个项目纳入"十四五"第一批山水林田湖草沙一体化保护和修复工程中央财政支持范围，累计下达中央奖补资金 125 亿元。为进一步拓宽投融资渠道，积极引导金融资金精准投入，推进适宜金融支持的重大生态环保项目谋划，生态环境部建立了生态环保金融支持项目储备库，印发《生态环保金融支持项目储备库入库指南（试行）》，支持包括 EOD 模式在内的环境治理模式创新探索。并与国家开发银行、中国农业发展银行、国家绿色发展基金等 10 余家金融机构建立合作关系，加大对污染防治攻坚战重点领域的金融资金支持力度，提高金融资金支持的精准性。

1.3.3　现行锑相关标准

1.3.3.1　环境质量标准

国外：国际上锑浓度限值标准主要针对地表水和生活饮用水制定，世界卫生组织规定饮用水中的锑含量应低于 0.005 mg/L，美国国家环境保护局将生活饮用水中锑浓度限值设定为 0.006 mg/L，欧盟和德国生活饮用水中锑浓度限值均为 0.005 mg/L，日本对生活饮用水中锑浓度要求最为严格，其值设定为 0.002 mg/L，韩国规定了地表水锑浓度限值为 0.02 mg/L。

国内：我国于 1998 年制定了《城市给水工程规划规范》（GB 50282—98），其中对生活饮用水锑浓度限值设定为 0.01 mg/L，同时还规定饮用水水源中锑浓度小于 0.05 mg/L。我国现行《地表水环境质量标准》（GB 3838—2002）表 3 "集中式生活饮用水地表水源地特定项目标准限值"中规定锑浓度限值为 0.005 mg/L，对其他功能水体未规定锑浓度标准限值。《生活饮用水卫生标准》（GB 5749—2022）表 3 中规定锑的浓度限值为 0.005 mg/L。

1.3.3.2　污染物排放标准

国外：德国和欧盟玻璃工业水污染物排放标准锑浓度限值为 0.3 mg/L。

国内：湖南作为锑生产大省，首先制定了《工业废水中锑污染物排放标准》（DB 43/350—2007），但此标准仅适用于现有锑的采、选、冶、加工工业企业排放废水中锑污染物的排放管理，并在《锡、锑、汞工业污染排放标准》（GB 30770—2014）颁布实施后被新国家标准替代。《锡、锑、汞工业污染物排放标准》（GB 30770—2014）表 1"现有企业水污染物排放限值"规定自 2015 年 1 月 1 日起至 2015 年 12 月 31 日止，企业废水总排放口总锑排放限值为 1.0 mg/L；表 2"新建企业水污染物排放限值"规定自 2014 年 7 月 1 日起新建企业和自 2016 年 1 月 1 日起现有企业的废水总排放口总锑排放限值为 0.3 mg/L；特定区域的企业废水总排放口总锑排放限值执行表 3"水污染物特别排放限值"中规定的 0.3 mg/L。对于纺织染整工业涉及锑污染物的排放管理，国家于 2015 年公告了《〈纺织染整工业水污染物排放标准〉（GB 4287—2012）修改单》（环境保护部公告　2015 年第 19 号），首次对纺织染整工业企业废水总排放口增设锑的排放控制要求，直接排放与间接排放限值均为 100 μg/L。江苏省为加强纺织染整工业废水中锑污染物排放管理，于 2018 年制定实施了《纺织染整工业废水中锑污染物排放标准》（DB 32/3432—2018），针对一般地区、太湖地区、需要采取特别保护措施的地区（如太浦河沿岸地区），规定了纺织染整企业废水中总锑排放限值和特别排放限值。

水体中锑的相关标准/指导值见表 1-1。

表 1-1　水体中锑的相关标准/指导值

类型	数值/（μg/L）	保护受体	名称	国家、地区和组织
地表水	5.0	保护水域功能和人体健康	《地表水环境质量标准》（GB 3838—2002）	中国
	5.6	保护人体健康（同时作为水源地并摄取水生生物）	《美国国家推荐水质基准》2009	美国
	640.0	保护人体健康（仅摄取水生生物）	《美国国家推荐水质基准》2009	美国
地下水	5.0	保护人体健康	斯洛伐克地下水环境目标值	斯洛伐克
	3.0	保护地下水资源可持续利用	奥地利地下水环境目标值	奥地利
	5.0	保护饮用水水质安全	奥地利地下水环境筛选值	奥地利
	5.0	保护人体健康	意大利地下水限值	意大利
饮用水	5.0	保护水质安全	《生活饮用水卫生标准》（GB 5749—2022）	中国
	20.0	仅考虑饮水摄入暴露途径	《饮用水水质准则（第四版）》2011	WHO
	6.0	仅考虑饮水摄入暴露途径	美国饮用水水质标准，2004	美国
	5.0	仅考虑饮水摄入暴露途径	欧盟饮用水水质指令，1998	欧盟
	6.0	仅考虑饮水摄入暴露途径	加拿大饮用水水质准则，1999	加拿大
	3.0	仅考虑饮水摄入暴露途径	澳大利亚饮用水准则，2004	澳大利亚
	20.0	仅考虑饮水摄入暴露途径	日本饮用水水质基准，2015	日本

类型	数值/(μg/L)	保护受体	名称	国家、地区和组织
排放废水	1 000.0	表1 现有企业水污染物排放限值	《锡、锑、汞工业污染物排放标准》（GB 30770—2014）	中国
	300.0	表2 新建企业水污染物排放限值		
	300.0	表3 水污染物特别排放限值		
	500.0	保护人体健康，维护生态平衡	《工业废水中锑污染排放标准》（DB 43/350—2007）	中国湖南

1.4　锑污染防治技术发展状况

1.4.1　水环境锑污染防治技术

1.4.1.1　混凝/絮凝法

混凝/絮凝法是处理废水中重金属污染最常用的技术之一。混凝和絮凝存在一定的区别，混凝是通过改变固体表面的电荷特性，使颗粒凝聚后变大；而絮凝的过程，需加入阴离子絮凝剂，其会使较大的颗粒之间形成桥梁，再将颗粒聚合成大的絮凝物。混凝和絮凝的过程都能促进凝结物在重力下的沉降和过滤，其主要优点是资金成本相对较低，在较宽的 pH 范围内有效，适用于大量水的处理且操作简单。混凝和絮凝去除重金属的机理是利用混凝剂干扰胶体粒子表面的电荷，胶体粒子电荷被中和，粒子间的排斥力被消除，从而使粒子相互结合在一起。

对于锑的去除一般采用铁絮凝剂。铁絮凝剂在一定剂量和 pH 为 4.5～5.5 时，对 Sb(V) 的去除率为 98%，而 Sb(Ⅲ) 的去除最佳 pH 为 4～10。相比于 Sb(V)，Sb(Ⅲ) 只需加入少量的铁絮凝剂、在较大范围的 pH 内就能被有效地去除。由此可以判断，Sb(Ⅲ) 在铁絮凝过程中的去除效率高于 Sb(V)。一般情况下，锑去除效率是随 pH 的增加而降低的。相较于其他废水中重金属的去除技术，混凝和絮凝比较适合去除废水中较高浓度的锑。

1.4.1.2　离子交换法

离子交换是将稀溶液中的离子与固体离子交换剂中的离子进行可逆的等当量交换，其去除重金属的机理和吸附相似，都是从溶液中吸收溶质。常见的离子交换剂有沸石、离子交换树脂、蒙脱石、土壤腐殖质和黏土等。离子交换除锑的过程与去除砷的机理相似，而离子交换树脂对 Sb(Ⅲ)和 Sb(Ⅴ)的交换能力较强。相关研究表明，用离子交换树脂可成功回收废水中的锑，其机理是氢型强酸阳离子和羟基型强碱阴离子交换树脂在酸性溶液中可以去除锑；Riveros 等用离子交换方法研究了 Sb(Ⅲ)和 Sb(Ⅴ)在铜电解液中的去除率，结果表明，Sb(Ⅲ)受温度的影响，溶解度变化更大。除了有机离子交换剂，无机离子交换剂如镁铝和铜铝层状双氢氧化物也被用于离子交换去除锑的研究，其反应机理是 $Sb(OH)_6^-$ 与 NO_3^- 在 Mg-Al 和 Cu-Al 的夹层中进行交换，而且与其他离子相比（如 Cl^-、NO_3^- 等），层状双氢氧化物对 Sb(Ⅴ)表现出很好的去除效果。

1.4.1.3 膜技术

膜技术是一种被广泛认可的、能高效去除水中重金属的处理技术，具有去除效率高、能耗低、操作难度小等优点，按照孔径大小可分为微滤（MF）、超滤（UF）、纳滤（NF）以及反渗透（RO）四类。膜技术的机理是利用膜的选择性渗透来分离滤料中的不同物质，以此达到不同物质分离、浓缩、纯化的过程。在利用膜技术去除锑的过程中，当含有锑的废水通过膜时，金属离子通过膜迁移到螯合基团的速度比水分子快，因此无论 pH 是多少，Sb(Ⅴ)的去除都可以通过反渗透作用，得到比 Sb(Ⅲ)更好的去除效果。Sb(Ⅴ)去除可以通过加强超滤膜的方法，其工艺操作简单。锑污染也可通过螯合多孔中空纤维膜处理，这种处理方法的效果很可观。

1.4.1.4 电化学法

电化学法是一种电凝（EC）形式，通过在铁电极之间施加电流以溶解可溶性阳极，金属阳离子直接在待处理的废水中生成，而不是添加化学试剂（如氯化铁）。电化学法是一种高效的处理方法，被广泛地应用于高浓度废水处理，如电解精炼、染料厂废液、花生厂废水、化学电源、垃圾填埋场渗滤液等，废水处理中的电浮选、电氧化、电絮凝和电混凝过程是同时发生的。电化学法去除水中的锑，常运用欠电位沉积（Underpotential Deposition，UPD），它是电化学法之一，包括电位扫描与阶跃。相关人员对电沉积技术废电池溶液和铜电解精炼进行了研究，结果表明，pH、电流密度和时间等参数对锑去除效率有影响。一般情况下，pH 为 5.24，静置时间 89.17 min，电流密度 2.58 mA/cm²，初始浓度为 521.3 μg/L，经过 Fe-Al 电极的电凝，对于锑去除效率超过 99%。除此之外，二维 Fe-Mn 层状双氢氧化物（LDH）具有较大的内表面积和两性表面羟基，也可有效去除水中的锑。

1.4.1.5　植物修复技术

植物修复是一种成本低廉、生态环保的重金属处理技术。这项技术可以通过让植物从土壤中吸收锑而自然发生，从而防止污染物扩散。植物修复去除重金属的主要机理是植物提取、稳定、挥发及根际过滤。植物修复技术在去除锑方面有相关应用，如水生大型植物针刺草在实验中被用于去除被污染的水体中的 Sb、As、Cu 与 Zn，结果表明其能有效地去除水中的重金属，且在 1 d 内对锑的最高去除量可达到 3.04 μg/L。而对 As、Cu、Zn 的每日最高去除量分别为 2.75 μg/L、0.417 μg/L、1.493 μg/L。蕨类植物同时去除锑、砷的效果显著，如克里特岛凤尾蕨（*Pteris cretica* L），这种植物能够同时去除水体中的高浓度锑和砷。该植物的叶片上能积累的锑、砷最高浓度分别可达到 1 677.2 mg/kg、1 516.5 mg/kg。

1.4.1.6　萃取

萃取是由于溶解度不同，物质由一种溶剂转移到另一种溶剂的过程。经过不断萃取可以提取所需的物质。研究人员发现了通过液—液萃取从混合溶液中去除锑的方法。研究表明，采用 pH—静态浸出法，从锑矿（板溪、木里和铜坑锑矿）中能去除锑。但从锑矿中提取的锑有毒，去除效率与含锑的矿石类型和 pH 有关。在一定条件下，用氧化铁在较低温度下提取锑精矿中的锑，其中氧化铁被用作固硫剂。提取效果表明粗锑纯度可达到 96.00%，锑的回收率为 91.48%。

1.4.1.7　吸附法

吸附是一种将固体作为介质从气体或液体溶液中去除物质的过程。整个过程主要取决于吸附物分子和吸附剂表面分子之间的范德华力和静电引力。吸附法具有操作简单、除锑效果好、成本低、效益高、再生能力强等优点，是一种前景广阔、受到研究者普遍青睐和广泛应用的处理技术。除锑的效率由 pH、温度、初始锑浓度、吸附剂剂量、接触时间等众多因素决定。吸附剂一般可分为有机吸附剂、复合吸附剂、无机吸附剂。无机吸附剂主要以铁基氧化物、钛氧化物、锰氧化物、氧化铝为主，有机吸附剂则是一些生物吸附剂、炭材料等。生物质材料作为常见的吸附材料被广泛用于去除水中的锑。

2010 年 Uluozlu 等运用生物质材料地衣对水中的 Sb(Ⅲ)进行吸附，发现在生物质浓度为 4 g/L，pH 为 3，时长 30 min 以及 20℃的条件下对锑的吸附容量为 81.1 mg/g。D-R 模型表明了地衣作为生物质材料通过化学离子交换的方式去除水中的 Sb(Ⅲ)，即使在 10 次吸附—脱洗的过程后，地衣吸附能力仅下降了 20%左右；蓝藻微囊藻也被运用于金属锑的吸附，研究发现，实验条件为 pH = 4.0，时间为 60 min 及温度为 20℃的条件下，蓝藻微囊藻达到最大吸附量 4.88 mg/g，其中羟基、羧基与 Sb(Ⅲ)形成的表面复合物是去除锑的关键。

如今也出现了一些新兴的吸附剂，相较于传统吸附剂它们具有吸附效果更佳、成本低、可回收性强等优点，包括 MOFs、COFs 等。2017 年有学者筛选了 7 种孔径大小不同的锆基金属有机骨架（Zr-MOFs），以及运用了几种不同的有机连接体（如—NH$_2$、—OH等）。Zr-MOF 去除 Sb(Ⅲ)与 Sb(Ⅴ)主要是通过阴离子交换机制。在运用的 7 种 Zr-MOFs 中，NU-1000 对锑的吸附能力最强，对 Sb(Ⅲ)、Sb(Ⅴ)的吸附量分别达到 136.97 mg/g、287.88 mg/g。氨基修饰的锆金属有机骨架［UiO-66(NH$_2$)］也被证明可从水中去除锑。运用 X 射线光电子能谱（XPS）与 FTIR 分析都表明氨基与 Zr-O 键在去除水中的锑时起到了关键作用。UiO-66（NH$_2$）具有无毒、低成本、高吸附的性能，在吸附锑方面有很大的应用前景。2020 年 Cheng 等系统研究铁基金属骨架 Fe-MIL-88B 去除 Sb(Ⅲ)、Sb(Ⅴ)的效果，并考虑了不同 pH、吸附剂剂量以及吸附时间、初始浓度对吸附容量的影响。研究表明 Fe-MIL-88B 中配位键的配位协同作用以及 HFO（水合氧化物）的形成共同促进了水中锑的吸附，Fe-MIL-88B 对 Sb(Ⅲ)、Sb(Ⅴ)的最大吸附量分别达到 566.1 mg/g、318.9 mg/g。这几种 MOFs 材料都成功地运用于去除水中的锑，可见铁基 MOFs 材料在吸附锑方面有很大潜力。

1.4.2　土壤锑污染防治技术

土壤中的锑污染治理技术主要包括物理化学技术和生物修复技术。其中主要涉及以下相关技术：

（1）竖向隔离技术。通过竖向隔挡的方式隔断阻止锑在水平方向的迁移扩散过程，属于具有比较明显的阻断效果的土壤原位修复技术之一。常见的阻断材料包括水泥类、土类和可渗透活性反应墙，例如范日东课题组使用土—膨润土系竖向隔离墙处理工业污染场地的铅污染，研究了隔离墙材料的压缩以及渗透性能。然而对锑污染的隔离技术研究较少。

（2）传统的翻土、客土和换土技术。翻土的方式可用于处理轻度污染的土壤。客土和换土技术可以去除污染较重的土壤，处理得比较稳定、彻底。然而该技术消耗的工程费用较高、处理周期较长、工程量大，会对土壤结构和土壤中的肥料造成破坏，容易产生二次污染。这种技术适用于小规模的锑污染处理，近年来该技术针对含锑土壤的应用较少。

（3）解吸脱附技术。通过红外、微波或者蒸汽等方式加热受到污染的土壤，使用真空负压或者载气收集的方式实现有毒有害的污染物挥发进入气相，再进行综合治理。根据脱附温度，解吸分为常温解吸、低温解吸和高温解吸。山西农业大学马祥爱等研究发现，锑在黑土、红壤和褐土 3 种土壤中的解吸速度非常快，在 30 min 内最大解吸量可以达到 95%。该流程工艺简单、处理时间短，但耗能较大并且依然需要处理二次挥发性污染物，故在实际应用上受到一定的限制。

（4）土壤淋洗技术。通过淋洗剂对土壤中的锑进行离子吸附或者使其发生重金属沉淀反应，实现污染物向液相转移，待进一步处置。淋洗剂包括有机螯合剂、表面活性剂和无机提取剂。李益华发现使用氨基羧酸类螯合剂乙二胺二琥珀酸（EDDS）、谷氨酸二乙酸（GLDA）和甲基甘氨酸二乙酸（MGDA）以及螯合剂乙二胺四乙酸（EDTA）4 种螯合剂强化蜈蚣草修复锑污染土壤，螯合剂的存在可以活化土壤中的锑，从而促进蜈蚣草对锑的富集处理。孙浩然研究酒石酸、苹果酸、EDTA 处理砷、锑共存的污染土壤，发现淋洗剂的 pH 对淋洗起到重要作用，并且淋洗出的重金属主要是弱酸提取态和可还原态。张静静等也采用柠檬酸、草酸、NaOH 溶液、KH_2PO_4 溶液进行单一或者复合交替淋洗处理矿区的砷、锑污染土壤。在该研究中草酸对锑的去除效果最好，去除率达 22.86%。磷酸也可以用于对土壤中锑污染的淋洗，超声强化可以提高淋洗剂对土壤中锑的去除。该技术适用于大面积、高浓度的含锑污染物，处理得较快且比较彻底，但是淋洗剂的成本较高，淋洗剂导致的二次污染需要再次处置。

（5）电动力学修复技术。在锑污染的土壤的两端加通电流，通过电迁移、电吸附、电泳以及电渗析等作用去除污染物。通过 EDTA 等螯合剂可以促进重金属离子形成溶解状态，促进电渗析迁移作用。通过电动力学修复也可以促进 Sb(V) 和 Sb(Ⅲ) 的转化。土壤的 pH 是影响锑形态的重要因素，可以通过电化学作用改变 pH。目前将电动力学和生物修复技术相结合是重要的前沿型的发展技术。Nazaré Couto 研究以黑麦草和芥菜为植物材料，采用电动力学法和磷酸盐法相结合的方式对砷和锑污染的矿区土壤进行修复。15 d 后，测定土壤中重金属吸收、生物量、速效养分和酶活性，发现印度芥菜在积累砷和锑方面有最高的修复潜力，约比黑麦草高出 65%。电动力学修复效率高、速度快，但需要考虑当地的电力成本。

（6）固化/稳定化技术。通过在土壤中添加固定剂与锑形成沉淀、吸附、配位或者络合等方式，降低污染的迁移性和生物毒害性，从而实现土壤中锑污染的固定化。梁颖等研究采用氧化钙、水泥作为固定剂，硫酸铁、硫酸亚铁和零价铁作为稳定剂处理土壤中的锑，发现水泥对锑的固定性能优于氧化钙，零价铁对锑的稳定化性能优于硫酸铁和硫酸亚铁。宋刚练以上海某重金属锑污染地块为研究对象，将 1.5% 的硫酸铁和 15% 的水泥作为处理药剂对土壤中的锑进行固定，使得修复的土壤重金属锑的浸出浓度低于 0.02 mg/L。唐礼虎将氧化铁粉（Fe_2O_3）、三氯化铁（$FeCl_3$）、还原铁粉（Fe）、碳酸钙粉（$CaCO_3$）以 5∶4∶4∶6 的比例作为固化/稳定剂，添加固化/稳定剂的质量是土壤质量的 5%，固定锑的效率可以达到 86.8%。这类技术简单易行，成本较低，但是稳定性及长期性依然有待考量。

（7）氧化/还原技术。通过在土壤中添加氧化剂、还原剂或催化剂，改变锑的赋存形态，实现污染物向低毒性或者无毒性转变。目前主要研究的氧化剂包括过氧化氢、铁锰基氧化剂、芬顿试剂、过硫酸盐、零价铁等，可提高 Sb(Ⅲ) 在空气状态下的氧化速度。还原剂主要包括还原性的硫化物、还原性的铁基材料等，可与锑发生反应，降低锑在土壤中的毒性。氧化/还原技术的处理流程快速，但是工业化不太成熟。光催化也是氧化/还原的新型技术之一。通过光催化剂在光照情况下 Sb(Ⅲ) 可以发生氧化反应生成 Sb(Ⅴ)，并且发生吸附，实现无毒化或者低毒性。目前光催化土壤除锑技术还处于实验阶段，工业化应用尚待推进。

（8）离子拮抗技术。离子拮抗技术是当锑浓度过高时，添加其他重金属来降低锑的毒性的技术。然而引入其他重金属会带来次生危害，因此目前对其研究和应用较少。

（9）生物修复技术。生物修复技术覆盖面较广，主要包括动物修复技术、植物修复技术和微生物修复技术。动物修复技术是通过蚯蚓、老鼠类、虫类或者蜈蚣等生理活动改善土壤的物理、化学性质，修复土壤。蚯蚓是一类典型被应用的锑污染土壤修复动物。但动物生理代谢受外界条件影响较大，修复速度较为缓慢。植物修复技术是种植具备锑超富集能力或者耐受锑的植物，以新陈代谢的方式吸收、转化、固定、富集处理含锑的土壤，如蜈蚣草、印度芥菜、白玉凤尾蕨、苎麻、芒等。虽然植物修复技术环保、经济、无二次污染，但由于修复时间过长，也没能大规模地应用。微生物重金属处理制剂等是处理重金属的重要研究方向。通过微生物的代谢作用可以与锑发生催化反应、沉淀反应、生物甲基化甚至吸附作用等，从而使锑污染在土壤中低毒化和无害化。菌体的代谢作用可以使 Sb(Ⅲ)变为 Sb(Ⅴ)，降低锑的毒害作用，但土壤中高浓度的锑依然会危害微生物的生存。因此，筛选具备抗锑及氧化锑的微生物也是重要的研究方向。筛选低成本、可以快速处理土壤中锑污染的菌有利于该项技术的工业化大规模利用。

1.4.3   固体废物锑污染防治技术

固体废物可以分为含锑较高的废弃物和含锑较低的废弃物。当锑含量较高时，可以作为固体废物资源化回收的重要方向；作为炼锑的原料，可以通过蒸馏等方式回收，也可以水解回收锑产品等。对于低浓度的锑，为了减少对气、固、液的二次污染，采用固定或者封装的方式处理较为常见。防治策略包括建立地表覆盖层、应用改性剂、固化（胶结和地质聚合）和沉积保护涂层。王华伟等研究收集了两种实验室富铁残渣（LIR-1和 LIR-2），并通过毒性特征浸出法（TCLP）和连续酸浸实验证明了它们在垃圾发电产生的粉煤灰中稳定锑的有效性。采用固定的反应制剂或者微生物包裹都属于固体废物中锑处理的重要方法。把固体废物中的锑转变为气相或者液相，再进一步处理锑污染也是研究的技术之一。下一章将着重阐述水体中锑污染的防治技术。

第2章
水体锑污染防治技术与典型案例

2.1 概述

2.1.1 水体锑污染

2013 年，随着"可口可乐等饮料瓶中测出重金属锑""饮品塑料瓶检出致癌物锑"等新闻曝光，"锑"一跃成为搜索热词，引起了人们极大的关注。实际上，锑早在 1979 年就进入美国国家环境保护局的优先控制污染物名单，同时也被欧盟列为优先控制污染物，在《控制危险废物越境转移及其处置巴塞尔公约》中关于危险废物的越境迁移限定中被列为危险废物。湖南省资江流域涉锑地区发生了多起因锑开采、冶炼导致饮用水水源污染而引发的砷中毒、锑超标事件，如 2007 年的资水益阳段"6•28"锑超标事件、2008 年冷水江"9•25"井水砷含量超标事件。湖南省因此启动了公共安全应急预案。2011 年的武水河流域锑污染事件、2015 年的甘肃陇星锑业有限责任公司"11•23"尾矿库泄漏次生重大突发环境事件等都给人们敲响了警钟。

2021 年，因持续强降雨，河南三门峡卢氏县多年废弃锑矿遗留矿井矿渣渗出，导致老鹳河上游支流五里川河锑超标。老鹳河发源于河南省栾川县，经卢氏县、西峡县、淅川县注入丹江，位于南水北调中线工程水源区。此后，生态环境部进一步加强南水北调中线工程水源区水质安全保障，推动做好河南省三门峡市卢氏县五里川河锑污染事件

"后半篇文章"，切实防范锑污染风险，生态环境部和河南、湖北、陕西等相关省份共同研究确定了"十四五"期间丹江口库区及上游拟增设锑管控的国控断面，组织开展锑浓度监测和质控，并指导相关地区开展丹江口库区及上游流域范围内入河排污口排查。国家发展改革委编制实施《丹江口库区及上游水污染防治和水土保持"十四五"规划》，并印发《关于开展全国第二批流域水环境综合治理与可持续发展试点工作的通知》，将河南丹江口库区及上游列入 18 个试点流域之一，探索推进包括废弃矿山、尾矿库治理在内的水环境、水生态、水资源保护治理模式。

资江位于湖南省境内，属于洞庭湖水系，是长江重要支流，流域内娄底市、益阳市等地锑等有色金属矿产资源丰富，但长期矿产资源开发也造成重金属污染问题突出。区域内青丰河和涟溪河的水体砷、锑浓度最高时分别超标 70 倍、699 倍，水井污染率达50%，严重影响该地区 4 万余人饮水和资江流域供水安全。国家有关部门和湖南省高度重视锑污染问题，并积极实施锑污染综合治理。通过制定实施方案，加强污染源头防控，开展涉锑企业整治，实施一批污染治理项目，督促指导资江流域 3 市持续推进整治，2020 年资江流域饮用水水源地锑平均浓度均已达标。

2.1.2 锑污染成因及危害

2.1.2.1 水生态环境中锑污染的成因

含锑的岩石被流水侵蚀，工业废水排放，大气锑尘随雨雪降落或自然沉降，都会引起水中锑含量增加。水生环境中的锑主要源于岩石风化、土壤流失、采矿业及制造业污水的排放等。在成矿区域，即使尚未开采，由于暴露在酸性环境下，矿物中的重金属容易被淋洗出来，同时这一过程还会受到微生物活动和强氧化性环境的影响而加速。矿物的开采和冶炼则加快了锑迁移到地表环境的速度，显著增加了矿区周围水体中锑的含量，其中露天堆放的废石、尾矿、废渣是矿区水体中锑的重要来源之一。

水环境中溶解性锑的天然背景值小于 1 μg/L，而广西大厂多金属矿区矿渣堆中锑含量为 175～7 119 mg/kg，受矿山影响的河流中锑在枯水期为 630 μg/L，丰水期为497 μg/L。检测巍山某锑矿厂周围水中的锑含量发现，矿区周围池塘水中锑含量为1 209～1 724 μg/L，严重超出《地表水环境质量标准》（GB 3838—2002）的规定（≤5 μg/L）。

Looser 等通过研究瑞士垃圾沥出液中的锑含量发现，垃圾沥出液中富含锑，其中农村和城市的垃圾沥出液中锑的浓度为 1 μg/L，工业沥出液中锑的浓度为 300 μg/L，市内和工业混合垃圾沥出液中锑的浓度为 10 μg/L。而受这些沥出液影响的地下水中锑的含量高达每升几百纳克，不同地区受到不同程度的锑污染。由于 Sb_2O_3 可用于制作 PET 包装材料的催化剂，随着 PET 的浸出，包装材料中 Sb_2O_3 不断溶解释放到水中，从而增加了桶（瓶）装水中锑的含量。据报道，英国化学研究人员威廉·肖迪克对 15 种热销的瓶装水进行化学检验，结果发现天然地下水中的锑含量是 1ng/L，而刚出厂的瓶装水中的锑含量平均为 160ng/L，并且时间越长，温度越高，塑料瓶中的锑元素在水中的释放量越大。此外，目前有不少国家在一些新建及改建的建筑中常用含锑的焊料来代替含铅的焊料焊接水管，这也增加了自来水中锑的含量。

10 年前，资江干流和一些支流中水体锑含量曾经超标，除流域内锑矿丰富导致自然本底贡献外，最主要的原因是涉锑企业产生的高浓度含锑污水未经妥善处理就排入资江。具体分析，涉锑企业高浓度含锑污水主要有四大来源：

（1）采矿废水。采矿井巷废水含锑量很高。除锡矿山闪星锑业等少数几家采矿废水大部分回用外，其他矿山的井巷废水包括采矿废水和岩隙水大多是直接排入江河。

（2）矿渣淋溶水。一些采矿企业尤其是曾经无证开采的小型矿井和民采矿点，乱采滥挖，选富弃贫，大量采矿废石、废砂随意堆放。经雨水淋溶，产生大量高浓度含锑废水直接流入江河。

（3）选矿废水和尾砂。选矿厂需要大量用水，产生大量残留选矿药剂和金属锑的尾砂。而部分小型选矿厂都未建尾砂库，尾砂随地放置，随雨水冲入河流。一些大中型采选企业尽管建有尾砂库，但库容相对不足，尾砂水在库内存储时间较短，沉淀不充分，外溢排放成为水体含锑量超标的重要因素。

（4）冶炼炉渣尤其是砷碱渣淋溶水。调查表明，大量堆放的炉渣，尤其是危险固体废物砷碱渣的雨水淋溶污水流入江河，是导致资江水体含锑量严重超标的最主要因素。以前，几乎所有冶炼企业产生的炉渣，包括危险废物砷碱渣，都是露天堆放。锡矿山地区在 100 多年的生产过程中，产生了近亿吨炉渣、上百万吨砷碱渣，无序露天堆放，经过雨水冲刷，含锑废水经青丰河、涟溪河流入资江，造成水体严重污染。益阳市 4 县（区）的多家炼锑废渣回收企业也存在露天堆放现象，造成锑含量严重超标。

2.1.2.2 水生态环境中锑污染的危害

随着工业的发展，锑作为一种具有潜在毒性和致癌性的金属元素，已经较为广泛地存在于水体和土壤环境中，显现出不可忽视的环境问题，并引起国际科学界的高度关注。锑是一种具有潜在毒性和致癌性的元素，其毒性表现为 $Sb(0) > Sb(\mathrm{III}) > Sb(\mathrm{V})$，毒性最大的为三甲基锑 $TMSb(\mathrm{V})$。大量的锑进入水生态环境中，不仅造成水环境的重金属污染，还对动植物产生毒害，甚至危害人体健康。而且，锑还是一个能够长距离传输的全球性污染物。我国是世界上锑矿资源最为丰富的国家，锑污染及控制问题更应引起广泛关注。

锑不是人和植物的必需元素，对人体具有积累毒性和致癌性。锑会刺激人的眼、鼻、喉咙及皮肤，持续接触可破坏心脏及肝脏功能。吸入高含量的锑会导致锑中毒，症状包括呕吐、头痛、呼吸困难，严重者可能死亡。锑对水生生物有毒，影响水生生物的生长发育，可能对水体环境产生长期不良影响。当水中锑的浓度达到 0.5 mg/L 时，可抑制水体的自净作用。

动物实验表明，锑是一种有毒物质。过量接触或摄入都会使动物缩短寿命。进入水体的锑，对藻类产生毒害的浓度始于 3.5 mg/L，对鱼类则为 12 mg/L。成年人体内平均含有锑约 5.8 mg，大多来自用作炊具、餐具的陶器和搪瓷制品上的釉。而釉中的锑可以被食物中的酸溶解而进入人体。体重 70 kg 的正常人，肌肉中含锑 0.042～0.191 mg。

锑中毒会引起全身疾病。锑主要以粉尘和蒸气形态经呼吸道和消化道进入人体内，主要分布于肝、脾、甲状腺、骨髓、肺和心肌等组织中。锑在人体内有蓄积作用。人体内的锑可经粪便和尿排出。锑在人体内可与巯基结合，抑制含巯基酶的琥珀酸氧化酶的活性，从而破坏细胞内离子平衡，引起细胞内缺钾。

2.1.3 水生态环境中的迁移转化规律

自然界的风化淋溶、氧化还原、径流冲刷、下渗迁移等过程加快了有害元素的释放、扩散，对环境和人类造成危害。

不溶性的锑盐可从水中向底泥迁移，致使底泥的锑富集量高达水中的 1.0×10^4～4.4×10^5 倍。沉积物中的锑主要与不稳定的 Mn、Fe 和 Al 的水合氧化物结合，也容易被胡敏酸结合并符合 Langmuir 吸附等温方程式。除了主要集中在铁锰结合态（22.2%～66.4%）

和残渣态（5.66%～53.5%），锑主要以吸附的形式存在；有关污染沉淀物的室内实验表明，随着沉淀物中锑含量的增加，进入溶液中的锑数量也会逐渐增加。Belzile 等通过实验室模拟研究，论证了自然水体及其沉积物中存在的铁和锰的氢氧化物能够吸附锑并将毒性较大的 Sb(Ⅲ)转化为 Sb(Ⅴ)。

由于岩石风化、土壤淋滤和人类活动等的影响，锑广泛存在于水—沉积物系统中。在未受污染的水体中，"溶解态"锑的典型质量浓度小于 1 ng/mL，但是在靠近污染源的水体中，锑质量浓度可以达到自然水体的 100 倍以上。很少有研究给出"颗粒态"中的锑含量。关于锑在淡水系统中的分布和形态还缺少广泛的研究。"溶解态"锑在淡水系统中的质量浓度变化较大，这与水体的位置及附近的物质组成有关；锑在海水中的质量浓度约为 200 ng/L，在深层海水的循环过程中，没有发生锑的富集现象。

在水环境中，锑主要的氧化还原反应如下：

$$Sb(OH)_6^- + 3H^+ + 2e^- = Sb(OH)_3 + 3H_2O（Eh_0 = 0.14\ V）$$

$$Sb_2O_5 + 6H^+ + 4e^- = 2Sb(OH)_2^+ + H（Eh_0 = 0.50\ V）$$

$$Sb(OH)_2^+ + 2H^+ + 3e^- = Sb + 2H_2O（Eh_0 = 0.39\ V）$$

$$Sb + 3H^+ + 3e^- = SbH_3（Eh_0 = -0.53\ V）$$

在水—沉积物体系中，锑以两种氧化态存在，因此其行为受到氧化还原状态改变的影响。锑的环境地球化学循环取决于其在自然环境中的存在形态，但是，目前人们对锑在自然环境中存在形态的认识还不够。

在表层水等氧化性水体中，Sb(Ⅲ)可以被水中溶解的氧气和过氧化氢（H_2O_2）氧化为 Sb(Ⅴ)。在转化过程中，悬浮颗粒物中的铁、锰的水合氧化物可以作为催化剂，加快氧化。锑的转化过程一般为 Sb(Ⅲ) ⟶ Sb(Ⅴ) ⟶ $Sb(OH)_6^-$，首先是氧化过程，其次是 Sb(Ⅴ)发生水解形成阴离子。当有海洋微型藻类（砂藻、绿藻和红藻）存在时，铁、铜、锰的水合氧化物会与之发生协同作用，促使 Sb(Ⅲ)发生光催化氧化反应生成 Sb(Ⅴ)。腐殖酸的存在对 Sb(Ⅲ)氧化生成 Sb(Ⅴ)能起到光催化氧化的作用。因此，Sb(Ⅴ)应该是存在于氧化性体系中的主要形态，但是，热力学上不稳定态 Sb(Ⅲ)也被检测到出现在不同的海水、淡水、地下水、雨水等水体中。它们产生的机理还不清楚，可能的原因是天然水体中的物理化学环境比较复杂，除溶解氧外，沉积物、生物、悬浮颗粒物等都会对锑的形态转化产生影响。许多学者认为生物活动是 Sb(Ⅲ)存在的原因，但没有相关证据。Sb(Ⅲ)保留在富氧的水体中需要从动力学的稳定化作用方面作出解释。Sb(Ⅲ)可以被非晶质的铁和锰氢氧化物完全氧化，说明 Sb(Ⅲ)只能短时间内留存在氧化性环境中，可能的稳定化作用是由于有机质的存在，一些有机配子可以阻止 Sb(Ⅲ)的氧化。

锑在水环境中可以与各种物质发生复杂的络合作用。不同的锑络合物的形成改变了锑的形态，影响着锑在水环境中的迁移转化和毒性。Sb(Ⅲ)是两性金属离子，可以与不同的配离子相互作用，如—SH、—COOH 等，这种络合作用发生在低 pH 情况下，当 pH>6 时，Sb(Ⅲ)的水解作用仍然会发生。

Sb(Ⅲ)有独特的配位结构，一是带有立体活性孤对电子，二是与螯合剂间形成弱的螯合力；Sb(Ⅴ)和氧的配位作用形成八面体的空间构型，这与同族的砷有很大不同，原因在于锑有较大的离子半径和较低的电荷密度。氧化物和氢氧化物对锑的吸附比较重要，锑与土壤中的铁氧化物呈正相关，而在湖泊沉积物中，锑却优先吸附在水合氧化锰而不是铁氧化物上。锑和针铁矿形成稳定的双配位体的共角内层络合物。Casiot 等认为，尽管 Sb(Ⅲ)强烈吸附在水合氧化锰上，但是，环境样品中铁和铝的水合氧化物的丰度较高，因此，这 3 种矿物决定了自然体系中溶解性 Sb(Ⅲ)的浓度。在与环境相关的条件下，中性的 Sb(Ⅲ)［如 Sb(OH)$_3$］很容易与胡敏酸结合，比例可以达 Sb(Ⅲ)的 30%。Sb(Ⅲ)和腐殖质的相互作用可能显著影响其移动性。胡敏酸对无机锑［Sb(OH)$_3$］和有机锑（C$_8$H$_4$K$_2$O$_{12}$Sb$_2$）［都是 Sb(Ⅲ)］的最大吸附量分别为 23 mmol/g、53 mmol/g（pH = 4），差异归因于酒石酸盐的螯合作用和电离作用，使其在该 pH 条件下以阴离子络合物的形态存在；由于胡敏酸的去质子化作用、其他水溶态的竞争吸附或在较高 pH 下锑的络合作用，减少了锑在胡敏酸表面的亲和力，胡敏酸对无机锑［Sb(OH)$_3$］的吸附率从最大70%（pH = 3.8）减小到 55%（pH = 5.4）。

2.2 锑的性质及污染防治原理

2.2.1 锑的化学性质概述

锑是一种金属元素，自然界中主要以化合物形式存在，分无机和有机两种形态。无机形态主要是 Sb$_2$O$_3$、SbCl$_3$、Sb$_2$S$_3$、PAT 和 MA 等，有机形态主要是甲基和三乙基的衍生物。锑化合物的毒性差异很大，元素锑比无机锑盐毒性大，Sb(Ⅲ)比 Sb(Ⅴ)毒性大，硫化物毒性大于氧化物。溶于水的锑化合物有三氯化锑、五氯化锑、硫酸锑、硝酸锑、酒石酸锑钾、锑焦锑酸钾等。

锑是两性稀有金属，总共有 4 种价态（−3，0，+3，+5），后两者为环境中的主要价态。不同价态的锑毒性大小顺序如下：0 价＞+3（Ⅲ）价＞+5（Ⅴ）价＞有机锑。锑的毒性和砷相似。Sb(Ⅲ)化合物的毒性较 Sb(Ⅴ)强［Sb(Ⅲ)的毒性比 Sb(Ⅴ)高 10 倍］。水溶性化合物的毒性较难溶性化合物强，锑元素粉尘的毒性较其他含锑化合物强。

目前，共发现了 38 个锑同位素 $^{103}Sb \sim ^{140}Sb$，其中有两个稳定同位素 ^{121}Sb 和 ^{123}Sb。1922 年，Aston 使用卡文迪什质谱计（Cavendish MS）首次发现 ^{121}Sb 和 ^{123}Sb 是同位素。其后，随着融合蒸发反应、轻粒子反应、中子诱发裂变、带电粒子诱发裂变、中子捕获和射弹碎裂等测试方法的应用，多个放射性锑同位素相继被发现。最近发现的是 2010 年通过射弹碎裂或裂变方法发现的 ^{140}Sb 同位素。

近年来，有机锑的研究也逐渐增多。甲基化锑在多处水环境中被发现，而且越接近水体表面，甲基化锑的浓度越高。一甲基锑和三甲基锑的化合物已经在含氧水环境中得到证实，锑的甲基化可以通过挥发作用和形成溶解性化合物来增加锑的移动性。已有研究表明，一种真菌能够把无机锑转化为三甲基锑。Andrewes 等发现，锑可以抑制砷的生物甲基化，而砷却能够加强锑的生物甲基化过程。

目前，用于锑形态分析的甲基化有机锑标准只有五价的三甲基锑化合物，它有 3 种不同形式：三甲基氯化锑（TMSbCl$_2$）、三甲基氢氧化锑［TMSb(OH)$_2$］和三甲基氧化锑（TMSbO），一甲基和二甲基的五价锑化合物仍未制得。上面提到的对 Me$_3$Sb 的检测也是间接将 TMSbCl$_2$ 与 NaBH$_4$ 反应还原后产生的甲基锑作为标准。HPLC 是分离此类化合物的主要手段，集中在对 TMSbCl$_2$ 和 TMSbO 的分离分析上。

2.2.2　典型污染治理技术原理简介

2.2.2.1　化学沉淀法

化学沉淀法指通过外加药剂使水中的锑形成沉淀而得以去除的方法，常用方法如下。

（1）调节 pH

根据溶度积原理，利用锑氢氧化物在水中的低溶解度去除。由于锑呈两性，因此如何选择最佳 pH 应根据实验而定。张伟宁等用分步沉积法去除金属合金溶液中的锑，先调节 pH 为 5～6，将溶液通过膜滤、洗净、烘干，再调节 pH 至 9～10，膜滤、洗净、烘干。通过此法，可将锑的浓度由 300 mg/L 降到 25 mg/L。

（2）投加铁盐、硫离子等药剂

这两者对锑去除的机理不甚相同，铁盐对锑的去除机理目前仍无定论，一般认为是静电引力和范德华力等。把它们归于一类是由于两者均是通过外加药剂产生沉淀而去除锑。由于硫离子和锑能够生成不溶物，因此投加硫离子是尾矿废水处理中的常用方法。铁盐对锑的去除主要应用于饮用水的处理，因为铁盐是水处理中的常用药剂，在去除锑的同时较易控制二次污染。

（3）pH 调节与投加混凝/絮凝药剂联用

通过调节 pH 又投加混凝/絮凝药剂的方法强化处理。混凝法是对固体表面电荷的特性进行改变，达到颗粒体积变大的效果；而絮凝法是指加入阴离子絮凝剂，才能使颗粒聚合成大的絮凝物。这两种方法都是利用悬浮物在重力作用下沉降，当污染物沉降之后再进行过滤。混凝/絮凝去除重金属的机理是加入混凝/絮凝剂后使胶体表面粒子中和，从而失去粒子间的斥力而连接在一起。这种技术优点主要是成本较低、操作简便以及 pH 的允许范围较宽。

2.2.2.2　电化学方法

研究者们于 1953 年发现锑的电位沉积现象。电化学法是金属通过电场作用失去电子，溶解阳极形成混凝剂或其他氢氧化物，通过颗粒架桥或共沉淀从而去除水中的重金属离子，包括混凝、絮凝、浮选、氧化等机制，这些步骤基本上是同时进行的。常用的电化学法除锑技术为电混凝技术，使用金属铁作阳极解离出 Fe^{2+} 和 Fe^{3+}，形成"微絮凝剂"混凝沉淀去除 Sb(Ⅲ) 和 Sb(Ⅴ)，通常电流密度对 Sb(Ⅲ) 的去除效果影响较小，而 Sb(Ⅴ) 受影响较大，另外电解质离子 Mg^{2+} 和 HCO_3^- 对 Sb(Ⅴ) 的去除有促进作用，Ca^{2+}、SiO_3^{2-} 及 PO_4^{2-} 则会起到抑制作用。

2.2.2.3　离子交换法

离子交换法就是利用离子交换树脂中的离子与废水中同性离子发生相互交换反应，去除目标离子的方法，是一种特殊的吸附法。离子交换树脂去除废水中不同价态的锑时，

Sb(Ⅲ)与 Sb(Ⅴ)相比更易被去除。离子交换法不仅可以去除废水中的锑，也可以用于废水中锑的回收利用。利用洗脱剂可以洗脱离子交换树脂中的锑，从而达到浓缩和回收的目的，并使得树脂再生，循环使用。

2.2.2.4　重金属捕集剂

传统意义上的重金属捕集剂泛指通过化学药剂法去除重金属的产品，包括石灰、烧碱和硫化钠等物质；这些试剂与硫酸亚铁结合使用，可实现一定程度上的重金属去除。然而传统重金属捕集剂普遍存在去除效率低、去除对象范围窄、作用条件苛刻、污泥产量大且难以处理以及处理后的排水无法满足越来越严格的环境保护指标等问题。

目前普遍使用的重金属捕集剂是有机高分子化合物，其作用机理是利用分子结构中的特定官能团，通过配位作用与重金属离子形成配位键，同时相互交联螯合，使得废水中的重金属被捕捉和沉降并最终有效分离。因此，重金属捕集剂又被称作重金属螯合剂。重金属捕集剂中起到配位作用的元素主要分布于第Ⅴ～Ⅶ族，包括 O、N、P、S、As 和 Se。当前对重金属捕集剂的研究以 O、N 和 S 元素为主。其中，在含硫有机重金属捕集剂的分子结构上，活性基团包含的硫原子具有电负性大、原子半径大以及易失去电子并极化变形产生负电场的特点，更易捕捉重金属阳离子并趋于成键从而生成难溶性盐。因此含硫有机重金属捕集剂的应用最为广泛。

（1）硫化钠

硫化钠是硫化沉淀法的常用试剂，是广义上重金属捕集剂的一种，其与重金属所生成沉淀溶解度远小于一般氢氧化物沉淀物，沉淀效率更高且效果更好。硫化物沉淀通常不具有两性金属沉淀物属性，因此采用硫化钠处理重金属废水可以在较广的 pH 范围内保持较高的重金属去除率；并且处理后所得的沉淀（污泥）具有相对较好的密度和脱水性，所以硫化钠处理重金属废水的后续处理工作比中和沉淀法更简单。硫化钠本身来源广泛，价格低廉，处理成本也相对较低。

但采用硫化钠处理重金属废水也存在诸多问题：用量必须严格把控，量多或者量少都会导致效果不佳；需在偏碱性环境下进行反应处理，否则硫化物沉淀易与重金属酸性废水反应生成有毒气体硫化氢，带来危险性；同时，硫化物沉淀有形成胶体的趋势，不利于后期沉降分离；并且硫化钠对重金属离子浓度有一定要求，较低浓度情况下去除效果不佳。

（2）二硫代氨基甲酸盐类

二硫代氨基甲酸盐（英文名 dithiocarbamate，以下简称 DTC）最初于 19 世纪中期在实验室成功合成。由于 DTC 具有极强的络合能力，其多种衍生物目前被越来越广泛地应用于环境污染治理领域中的重金属捕集剂。DTC 及其衍生物基本结构式见表 2-1。

DTC 中关键基团为极性基团 $\diagup N{-}\overset{\overset{S}{\|}}{C}{-}S^-$，基团内硫的原子半径较大、带负电，易发生极化变形产生负电场，从而捕捉重金属阳离子并趋向成键，生成难溶二硫代氨基甲酸盐。DTC 与重金属成键类型包括配位键（如 DTC-Cu 和 DTC-Zn 等）和离子键（或强极性键，如 DTC-Ag），而其中以配位键为主。根据投加试剂形式不同，DTC 可分为 DTC 类螯合剂和 DTC 类螯合树脂，其中 DTC 类螯合剂为水溶性试剂，而 DTC 类螯合树脂通常为经过特殊改性而引入 DTC 活性基团的高分子物质，并且可采用无机酸处理以实现再生利用，因此螯合树脂对重金属，尤其是微量贵重金属提取、分离和回收效果更好。

DTC 类重金属捕集剂不仅重金属捕集效率高，对重金属络合物也具有高效去除作用，如吸附去除由 EDTA 作用形成的重金属络合物。Hao-bo Zhen 等研究了 DTC 类重金属捕集剂四硫代联氨基甲酸 DTC-TBA 对乙二胺四乙酸-铜（EDTA-Cu）络合物的捕捉去除性能，得到了非常理想的效果。Yijiu Li 等利用 DDTC 作为重金属捕集剂，以聚合硫酸铁和聚丙烯酰胺作为絮凝剂，实现了废水中络合铜高效去除。在 DTC 分子中，氮原子与硫原子的位置、取代基团的种类与位置、其他杂原子的存在等因素均会对螯合剂重金属捕集剂性能造成影响。虽然 DTC 类重金属捕集剂能适应较广范围的 pH，但在强酸条件下，尤其在 pH≤3 时（接近 DTC 等电点），溶液中 H_3O^+ 浓度过高并与二价金属阳离子产生竞争，占据重金属捕集剂上螯合活性点位，会明显失去重金属捕集效果。此外，DTC 类重金属捕集剂具有很强的生物杀伤性，在过量投加的情况下会对水域生物造成严重影响。正因如此，DTC 类重金属捕集剂正逐渐被更优化的重金属捕集剂取代。

（3）三聚硫氰酸三钠盐

三聚硫氰酸三钠，又称为三巯三嗪三钠（英文名 Trisodium trithiocyanate，以下简称 TMT），其结构式见表 2-1。TMT 的制备以三聚氯氰为主要原料，硫化钠或硫氢化钠为巯基化剂，通过在氢氧化钠溶液中进行亲核取代反应制得。TMT 能与多种重金属离子发生螯合反应生成沉淀，且沉淀物与 TMT 自身化学稳定性均良好，使用过程中不会产生如硫化氢气体等有害物质，从而避免了对环境造成二次污染。TMT 金属配合物在水中溶解度（与金属硫化物类似）远低于相应氢氧化物沉淀，因此其重金属沉淀效率非常高。正因其良好的重金属捕集性能和稳定的化学性质，TMT 被美国化学界评为最具应用前途的重金属捕集剂。

（4）黄原酸类重金属捕集剂

黄原酸（英文名为 xanthic acid）一般由二硫化碳（CS_2）与醇类（含羟基化合物）在碱性条件下反应制得，反应过程中 CS_2 取代醇类有机物上羟基中的氢原子形成黄酸基团，并最终形成乙基黄酸盐。其结构通式见表 2-1。其中 R 为有机分子基团。所形成活性基团结构与 DTC 类重金属捕集剂类似，因此其反应机理也与 DTC 类重金属捕集剂类似，主要通过结构中极性基中硫原子捕捉重金属阳离子以形成四元环，并根据重金属元素价键轨道类型形成正四面体、正八面体等结构，最终生成稳定螯合沉淀物并实现废水中重金属分离。Yi-Kuo Chang 等实验中发现 50～1 000 mg/L 含铜废水经乙基黄原酸钾处理后的出水铜离子浓度均小于检出限值 0.077 mg/L，表明了乙基黄原酸钾对含铜废水的高效去除性能。但是，相较于 DTC、TMT 等重金属捕集剂，黄原酸类重金属捕集剂本身并不稳定，处理后产物易发生分解产生相应的金属硫化物，并可能进一步分解，进而对环境造成二次污染。因此黄原酸类重金属捕集剂在实际应用中受到了一定限制。

（5）三硫代碳酸盐

三硫代碳酸盐（英文名 sodium trithiocarbonate，以下简称 STC）属有机硫类重金属捕集剂，是一种硫代碳酸钠盐或钾盐，能与二价重金属离子形成难溶的硫代碳酸金属盐。相关实验表明，STC 最终是与重金属形成硫化物沉淀，而并非预期的金属硫代碳酸盐；这是因为其在与重金属生成硫代碳酸盐沉淀时，产物不稳定，通常会快速分解生成硫化物沉淀和二硫化碳，具体反应过程如下：

$$CS_3^{2-} + M^{2+} \longrightarrow MCS_3$$

$$MCS_3 \longrightarrow MS + CS_2$$

上述反应过程中生成的二硫化碳是一种易燃、易挥发的有毒液体，因此使用 STC 类重金属捕集剂会对环境造成二次污染，目前也基本被其他性能更佳的试剂取代。

（6）羟肟酸类重金属捕集剂

羟肟酸类重金属捕集剂与有机硫类重金属捕集剂不同之处在于其原理是以高分子

质量上氧元素作为配位元素进行螯合反应。羟肟酸类重金属捕集剂可通过聚丙烯酰胺（PAM）与盐酸羟氨、氢氧化钠反应并用乙醇沉淀分离、干燥后制得。该重金属捕集剂结构通式见表 2-1。与有机硫类重金属捕集剂类似，羟肟酸类重金属捕集剂以其含有的活性基团中氧原子作为配位中心原子，与重金属离子发生螯合反应，同时依靠高分子链中存在的架桥、卷扫和网捕等作用，最终形成高度交联网状、分子量成若干倍增长、稳定的高分子螯合沉淀，这种沉淀具有非常良好的絮凝沉析效果，一旦进入污泥难以返溶。史小慧等通过实验验证了合成材料水杨羟肟酸功能化的复合螯合吸附材料（SHA-PHEMA/SiO$_2$）对重金属的吸附能力，发现该材料对不同重金属表现出的螯合能力各不相同，但总体吸附能力均表现良好，同时还通过分析得出吸附能力强弱与金属离子半径大小相关的结论。

（7）二烃基二硫代磷酸盐

二烃基二硫代磷酸盐是磷酸类重金属捕集剂，其与 DTC 类重金属捕集剂的不同之处在于其活性基团为二硫代磷酸基团，而非 DTC 类重金属捕集剂的二硫代羧基，但两者螯合作用关键元素均为 S，螯合机理与 DTC 一致。该重金属捕集剂结构通式见表 2-1。徐颖和张方研究了二烃基二硫代磷酸盐对含 Pb^{2+}、Cd^{2+}、Cu^{2+}、Hg^{2+} 废水的处理效果，结果表明其对 4 种重金属离子的去除效果均可达到 99%以上（国家排放标准），且吸附效果并不会受到酸碱度和竞争性离子的干扰，螯合产物相比中和沉淀法也更稳定。

（8）多功能化重金属捕集剂

综合含 S、N、O 成键基团对重金属离子的配合成键特性，Zahra Mohammadi 等对聚丙烯酰胺进行了针对性改性，得到了具有模拟螯合作用多功能基团的 PAAm/TGA/DHBA 水凝胶材料，该材料同时具有含 S 基团（巯基）、含 N 基团（酰胺基）和含氧基团（羟基），三者协同作用表现出对重金属去除的高效、经济、可回收（连续 5 个循环周期内仍能保持高效吸附性）等优势。此外，还有改性 SHA-CPSs 材料、叔丁基-2-吡喃氨基乙酸酯功能化螯合树脂（PS-AMPY）材料、聚丙烯酰胺-甲基丙烯酸树脂 P(AAm-co-MA) 材料等多功能化重金属捕集剂，这些捕集剂均表现出良好的吸附功能和可回收性。

（9）其他重金属捕集剂

一般而言，通过化学修饰等手段对已有吸附剂进行处理后，吸附剂性能可以得到明显提升，这主要是因为在修饰过程中吸附剂分子结构中活性成键位增多、功能基团增加以及具有更好的离子交换特性。相应的吸附剂对重金属的去除机理主要包括离子交换、络合作用以及共沉淀。但是，目前常用的有机硫类重金属捕集剂大都存在生物降解难、具有一定毒性、易二次污染等问题。因此，一些学者开始以淀粉作为基底通过改性修饰获得新型重金属捕集剂。淀粉具有水溶性良好、天然存在及来源广泛等优点，通过适当处理对其进行改性后，可以得到性能优良的重金属捕集剂，应用前景广泛。除有机重金属捕集剂外，还有许多创新研发的新材料可作为潜在重金属捕集剂研究方向，如金属有机骨架（metal-organic frameworks，MOFs）、共价有机骨架（covalent organic frameworks，COFs）、分子印迹聚合物（molecularly imprinted polymers，MIPs）等。

1）金属有机骨架

金属有机骨架是一种由金属离子/团簇和有机连接基团组成的新型二维/三维有机-无机复合物，具有高多孔、丰富活性位点的纳米结构。MOFs 有许多优势，如高度可调控性、高比表面积、孔隙可调。当其应用于水溶液中重金属的吸附时，MOFs 的超高比表面积和多孔结构使其表现出优良的吸附性能；同时 MOFs 自身携带的金属活性位点、有机连接基团和附着在 MOFs 表面的官能团都能与水溶液中的重金属螯合形成稳定的配合物，从而达到降低水中重金属含量的目的。

2）共价有机骨架

共价有机骨架是通过强共价键将有机结构单元连接起来，具有可人为操控的扩展结构晶体。这种共价晶体完全由轻元素（如 B、C、N、O、Si）组成，元素间由强共价键连接。其共价晶体结构使得 COFs 与其他多孔材料相比，具有低密度、比表面积大、热稳定性强、永久孔隙度好、功能设计方便等突出优点。COFs 可通过人为操控改变其结构特征，从而得到各种不同功能的共价有机骨架材料。与传统的吸附剂相比，COFs 具备许多特殊的优势，如：具备有序多孔通道提供丰富的吸附位点，并可加速污染物的扩散；易于调节的孔径大小与结构为分离不同的污染物提供了可能性；COFs 的强共价键使其具备较高的化学和热稳定性；低密度的 COFs 具备较高的吸附能力。

3）分子印迹聚合物

MIPs 是一种类合成材料，通过目标模板和功能单体之间的共价或非共价方法相互结合，发生不同类型的聚合反应制成。MIPs 可与模板特定的功能基团发生相互作用，而这种相互作用可根据所需目的和目标化合物性质进行人为调控。MIPs 是一种对目标分子有着亲和力和特异性的三维聚合物。由于其制备简单、稳定性强，因此，其在吸附水污染中的重金属领域受到了广泛关注。

表 2-1　有机硫类重金属捕集剂基本结构及捕集重金属离子原理及优缺点对比（M 指常见二价重金属，如 Cu^{2+}、Zn^{2+}、Cd^{2+}）

	基本结构式	捕集重金属原理	优点	缺点
硫化钠	Na—S—Na	$Na_2S + M^{2+} \rightarrow MS\downarrow + 2Na^+$	硫化物沉淀溶度积远小于对应氢氧化物沉淀和碳酸盐沉淀，沉淀效率更高，且污泥含水量小易脱水，便于后续处理	硫化物沉淀易继续反应生成络合物，影响最终沉淀分离；硫化物沉淀不稳定，在酸性条件下易反应生成有害气体硫化氢，操作危险性高；硫化物沉淀颗粒较小，趋向形成胶体而难以沉淀分离；不适应低浓度重金属废水治理
二硫代氨基甲酸盐类（DTC）			沉淀效率高，产物稳定，适应 pH 范围广（弱酸性、中性、碱性），对低浓度废水同样有效	具有强生物毒性，过量投加会对水域生物造成严重影响；在强酸性条件下（pH≤3 时，接近 DTC 类重金属捕集剂等电点，明显失去重金属捕集效果
黄原酸			合成材料成本低廉，去除重金属有效	相较于 DTC、TMT 类重金属捕集剂，黄原酸类重金属捕集剂本身不稳定，处理之后产物易发生分解而产生二次污染

	基本结构式	捕集重金属原理	优点	缺点
三聚硫氰酸三钠盐（TMT）	（含三嗪环硫醇钠盐结构式）	（三嗪环硫醇与金属 M 成键结构式）	产物溶解度非常低，与相应硫化物沉淀类似；处理重金属污染后产物较 DTC 类重金属捕集剂更稳定；对环境更友好，高浓度 TMT 对鱼类仍不会造成不良影响	某些条件下可能存在溶解度高于氢氧化物或硫化物的情况，需要进一步探究
三硫代碳酸盐（STC）	（C=S 与两个 S⁻ 结构式）	$-S-C(=S)-S-+M \rightarrow MS+CS_2$	—	硫代碳酸盐不稳定，会进一步分解，因此实际处理后产物为硫化物沉淀；分解过程产生有毒二硫化碳液体，对环境造成二次污染
羟肟酸	（含 C=O、HN—OH 重复结构式）	（重金属离子 M 与羟肟酸螯合结构式）	易与重金属离子螯合生成稳定四元环或五元环	多为小分子结构，物理化学稳定性较差，且不易回收重复利用

2.3 水体锑污染防治技术对比

2.3.1 常用技术介绍

2.3.1.1 沉淀法

沉淀法主要是利用外加药剂或能量,与水体中锑的污染物发生化学或物理化学作用,形成沉淀或絮凝体矾花,将锑从水中分离出来,从而达到除锑的目的。该方法主要包括热沉淀法、共沉淀法、沉淀絮凝—上浮法等。沉淀法广泛应用于重金属废水的处理中,常用的沉淀剂有硫化物、铁盐、铝盐、钙盐、石灰水等。

目前,涉锑企业大多首先采用自然沉淀法,即不加任何药剂使选矿废水中悬浮物沉淀。经自然沉淀后的选矿废水(特别是尾矿库废水)可部分循环使用。其他废水再采用化学沉淀法处理,而且往往是 2~3 种沉淀剂共同使用。例如,杜军将硫酸亚铁和氢氧化钙一起加入含锑的尾矿库废水中,使其发生混凝吸附共沉淀,将含锑废水锑质量浓度从 3.1 mg/L 降至 0.098 mg/L。Yukonakamura 和 Takashi Tokunaga 利用三氯化铁(FeCl$_3$)对锑有良好的絮凝作用的性质,通过调控 pH,使污染水中锑的去除率达到 80%~90%。Meea K 等用三氯化铁(FeCl$_3$)和聚合氯化铝(PAC)分别进行混凝烧杯实验,处理自配和天然的含锑水样。结果表明,PAC 的去除作用不大,FeCl$_3$ 是比较有效的除锑药剂,Sb(Ⅲ)较 Sb(Ⅴ)更易被去除且不受 pH 影响,并得出去除 Sb(Ⅴ)的最佳 pH 为 5。

沉淀法工艺简单、投资少、操作方便、适应性强,在废水处理中占重要地位。但该方法需要大量的沉淀剂,且产生的大量含锑废渣无法回收利用,长期堆积容易造成二次污染。

2.3.1.2 中和法

中和法就是向酸性废水中投入碱中和剂,利用酸碱中和反应增加废水的 pH,使重金属离子与氢氧根离子发生反应,生成难溶于水的重金属氢氧化物沉淀从而达到净化废水的目的。传统的中和剂主要有石灰和石灰乳,粉煤灰、电石泥等有时也被采用。

中和工艺有两种：一是传统中和，即一次投加中和剂至所需 pH，这种方法对锑含量超标的废水来说很难使之达标，残留的锑一般以 Sb(Ⅲ)或络离子的形式存在，要想达到更好的净化效果，可与混凝、吸附工艺联合使用；二是渣回流中和，即将一部分中和污泥用机械设备输送回处理系统。采用渣回流中和可改善中和渣的性质，有利于固液分离和脱除重金属。

从理论上讲，在一定 pH 条件下，石灰或石灰石都能使金属沉淀，但由于废水中可能含有采矿过程中加入的其他试剂或离子，其沉淀产物及沉淀完成过程差异极大。同时处理后生成的硫酸钙渣较多，容易造成二次污染。

2.3.1.3 氧化还原法

Sb(Ⅲ)的危害远大于 Sb(Ⅴ)。在使用氯化铁和聚合氯化铝作混凝剂时 Sb(Ⅴ)的去除远比 Sb(Ⅲ)困难，所以有必要用还原剂将 Sb(Ⅴ)还原为 Sb(Ⅲ)后去除。王学文等在铜电解液中加入过氧化氢，以碘化氢作催化剂，将电解液中的 Sb(Ⅲ)氧化形成锑酸盐，陈化处理后将形成的锑沉淀物过滤去除。

2.3.1.4 电化学方法

张志等用微电解—中和沉淀法处理矿山废水。其过程是让酸性废水通过充满焦炭和铁屑的柱状反应器，然后出水加碱中和。其原理是：原水通过反应器时会形成无数个微小的原电池；金属离子如锑在阴极（焦炭）发生还原反应形成单质而滞留；阳极的铁以离子形式溶出，在后续的加碱回调中作为具有吸附性能的混凝剂改善水质；经过处理，可使水中锑含量由 28 mg/L 降至 0.14 mg/L。Zhu 等运用铝电极电凝聚法去除废水中的锑，静置 18 h 后，溶液稳定并达到排放标准。Song 等运用铁铝电极（Fe-Al）通过电凝法（FC）同时去除水中的 Sb、As，结果表明，在 pH 为 5～7、较高的初始浓度且厌氧条件下更有利于 Sb 的去除。将添加 $MnSO_4$ 生成的二维 Fe-Mn 层状氢氧化物加入铁电凝系统中用于去除 Sb(Ⅴ)，结果表明在 pH 为酸性或中性、电流密度为 5～10 mA/cm^2 以及高浓度的 $MnSO_4$ 的条件下，对 Sb(Ⅴ)有较高的去除效率，可达到 99%。综上研究可知，环境条件因素如 pH、温度、初始浓度以及电流强度等对去除锑的影响较大。

2.3.1.5　离子交换法

相较于混凝沉淀法，离子交换法虽然不会产生大量污泥，但是往往需要使用大量化学药剂进行预处理，提高了成本并易造成二次污染，且离子交换树脂对于锑元素的选择性仍需要提高。Xu YH 等用商业活性氧化铝（AA）作吸附剂，发现它对 Sb(Ⅴ)离子有非常好的吸附性能，最佳 pH 为 2.8～4.3，饱和的 AA 可以用 50 mmol/L 氢氧化钠溶液再生。实验还发现硝酸盐、氯化物、亚砷酸盐对吸附影响很小，而砷酸盐、EDTA、酒石酸盐、硫酸盐可以显著降低其吸附性能。Nalan Ozdermir 等利用 XAD-8 树脂定量回收 Sb(Ⅲ)以及 Sb(Ⅴ)离子，研究结果表明，XAD-8 作为离子交换剂去除锑，简单、成本低且速度快并且可同时去除 Sb(Ⅲ)、Sb(Ⅴ)。Riveres 等利用氨基磷酸树脂对 Sb(Ⅲ)、Sb(Ⅴ)进行萃取，研究表明 Sb(Ⅲ)的溶解度更易受到温度的影响，而 Sb(Ⅴ)更易在树脂表面聚集影响离子交换过程，进而影响去除效率。

2.3.1.6　吸附法

吸附是使用固体吸附剂从液体或气体等介质中对污染物进行去除的过程，其主要的作用机理是利用吸附物与被吸附物之间形成新的化学键或者分子之间的范德华力、静电引力对水中的污染物进行去除。吸附法作为高效的水处理技术被广泛运用于去除水中的锑，具有成本较低、效率高，循环使用能力强的优点。可以用作锑吸附剂的材料有针铁矿、赤铁矿、二氧化硅、蒙脱石、活性炭、纤维素、几丁质、壳聚糖、谷壳灰以及天然或合成的金属氧化物及其水合氧化物等。传统的无机吸附剂比如氧化铝常被用来去除水中的锑，其最大吸附量为 11.6 mg/g。天然的有机吸附剂如纤维素、壳聚糖也被用于去除锑，Chen 等利用壳聚糖负载生物炭（CHBC）对 Sb(Ⅲ)进行吸附，其吸附机制包括 π-π 键相互作用、氢键、静电相互作用、表面络合等，结果表明 CHBC 对于 Sb(Ⅲ)最大吸附量为 168 mg/g。近年来，许多新型材料也被运用去除锑，比如 MOFs 材料。2021 年，Zhu 等成功合成生物炭负载磁性金属有机骨架去除 Sb(Ⅲ)，结果表明在温度 20℃、时间 4 h 以及 MMOF 与生物炭比例为 4:1 时，其吸附量达到 56.49 kg/g。目前，出现了很多前沿材料用于吸附水中的重金属，如 MOFs、COFs、Mxenes 等，相对于传统材料，新型吸附剂拥有更高的表面积、灵活可变动的结构以及较低的合成成本，在吸附方面有巨大的潜力。

2.3.1.7　膜处理法

膜过滤技术的去除机理是利用膜两侧的电位差、压力差以及膜的选择渗透性去除水中的重金属，其优点是操作便捷、占地面积小、投资少且效率高，包括微滤（MF）、纳滤（NF）、超滤（UF）以及反渗透（RO）4 种类型。Ma 等利用铁水解絮状物与超滤结合去除 Sb(V)，结果表明集成超滤膜的性能优异，发生膜污染的概率大大降低，解决了颗粒状吸附剂投入使用中的各种缺点，在水处理方面有巨大潜力。Zeng 等通过静电自组装制备了一种新型多糖功能化的纳米复合材料，其不仅保留了较大的孔隙率又保持了较大的水流通量，此复合材料对于 Sb(Ⅲ)、Sb(V)的去除量分别为 16.5 mg/g、13.6 mg/g。

2.3.1.8　生物修复技术

生物修复技术是一种低碳环保、成本低廉的技术，也常被用于去除水中的重金属，其去除重金属的主要机制是运用微生物反应促进锑的固定化以及原位沉淀，是一种具有发展潜力的去除技术。可通过从高浓度的锑源流域中筛选出微生物群落，选择出具有巨大潜力的微生物去除水中的锑。Wang 等利用硫酸盐还原菌(SRB)去除水中的 Sb(V)，其去除机制是将 Sb(V)还原为 Sb(Ⅲ)，从而生成 Sb_2S_3 的沉淀，用来去除水中的 Sb(V)。

2.3.1.9　生物制剂法

目前，重金属废水处理最常用的方法是石灰或硫化中和沉淀法。它能快速去除废水中的金属离子，工艺过程简单。但由于重金属废水"成分复杂、浓度高、金属离子种类多、水量大"，传统化学沉淀法单一配位体无法实现废水中多金属的同时深度净化，出水重金属离子难以稳定达到国家排放标准，易产生二次污染。

生物制剂是由中南大学冶金与环境学院环境所和赛恩斯环保股份有限公司共同开发的深度净化多金属离子的复合配位体水处理剂（生物制剂 S-002），弥补了目前化学药剂难以同时深度净化多金属离子的缺陷。生物制剂是对以硫杆菌为主的复合功能菌群代谢产物与其他化合物进行组分设计，通过基团嫁接技术制备了含有大量羟基、巯基、羧基、氨基等功能基团组的生物制剂，并成功实现了产业化，赛恩斯环保股份有限公司已建成了重金属废水处理剂生产线。

赛恩斯环保股份有限公司与生态环境部华南环境科学研究所联合攻关，开发了"生物制剂配合—水解—絮凝分离"一体化新工艺和成套设备。重金属废水通过生物制剂多基团的协同配合，形成稳定的重金属配合物，用碱调节 pH 发生水解反应。由于生物制剂同时兼有高效絮凝作用，当重金属配合物水解形成颗粒后很快絮凝形成胶团，实现多种重金属离子（砷、锑、镉、铬、铅、汞、铜、锌等）同时高效净化，净化水中各重金属离子浓度远低于相关标准要求。该技术净化重金属高效、投资及运行成本低、操作简便、抗冲击负荷强、效果稳定、无二次污染，可用于处理各种重金属废水（图 2-1）。

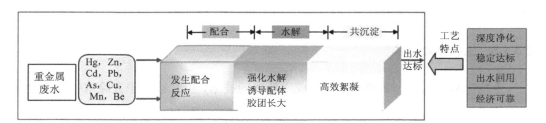

图 2-1　重金属废水生物制剂浓度处理工艺流程

生物制剂深度处理技术的优点包括：

（1）可同时深度处理多种重金属离子、抗冲击负荷强、净化高效、运行稳定，对于浓度波动很大且无规律的废水，经生物制剂深度处理技术处理后净化水中重金属离子浓度稳定达到标准要求。

（2）渣水分离效果好，出水清澈，水质稳定。

（3）水解渣量比中和法少，重金属含量高，利于资源化。

（4）处理设施均为常规设施，占地面积小，投资建设成本低，工艺成熟。

（5）运行成本低廉。

2.3.2　技术对比

沉淀法、中和法、氧化还原法、电化学方法、离子交换法、吸附法、膜处理法、生物制剂法处理含锑废水的综合对比见表 2-2。

表 2-2　含锑废水处理方法综合对比

处理技术	锑的去除率	运行稳定性	可否同步去除多种金属离子	二次污染（污泥量）	运行成本	处理规模	占地情况	投资成本	其他
沉淀法	较低，25%～35%	稳定	可	泥量较多，20%～30%	一般	一定工业规模	一般	一般	去除率较低，渣量较大，需与其他工艺联用才能达到相关排放标准
中和法	较高，≥50%	稳定	可	泥量较多，20%～30%	一般	一定工业规模	一般	一般	去除率较低，渣量较大，需与其他工艺联用才能达到相关排放标准
氧化还原法	较高，≥50%	稳定	可，但难度大	泥量少，5%～10%	较高	一定工业规模	一般	一般	运行成本高
电化学方法	较高，≥50%	较稳定	可	泥量少，<5%	较高，主要为电费成本	工业应用	较大	较高	维护管理成本高，工序长、占地多
离子交换法	较低，25%～50%	对进水要求严格	可	产生难处理再生液污染问题	较高，主要消耗酸、碱、树脂的定期更换	一定工业规模	较小	高	成本高、再生剂耗量大
吸附法	较高，40%～90%	较稳定	可	产生吸附剂的再生液和废弃吸附剂处理问题	一般，主要消耗在再生液及吸附剂的更换	一定工业规模	较小	较高	再生困难
膜处理法	较高，≥60%	较稳定	可	污泥量较少	较高	一定工业规模	一般	较高	对预处理要求较高，一般要和其他工艺联用
生物制剂法	较高，60%～90%	稳定	可	泥量少，5%～10%	较低	大规模工业运用	一般	一般	能同时去除多种重金属，渣量少，运行稳定，该技术已成功推广应用于国内多个大型企业选矿废水处理项目

2.4　水体锑污染防治技术应用实例

2.4.1　含锑选矿尾砂水处理实例

2.4.1.1　污水来源

湖南某矿业锑矿湿法冶炼后产生的选矿尾砂水。

2.4.1.2　设计水量水质

（1）废水量：5 000 m^3/d；

（2）水质：Sb<20 mg/L、As<5 mg/L、Pb<10 mg/L。

2.4.1.3　处理流程及说明

工艺流程如图 2-2 所示。

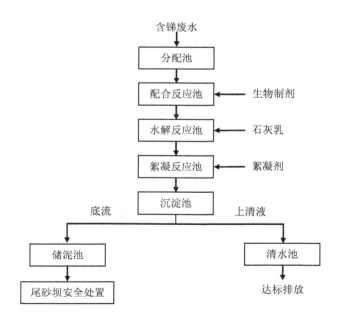

图 2-2　湖南某矿业公司尾砂水生物制剂深度处理工艺流程

（1）锑矿矿石采选后，剩余的尾矿堆存产生含锑的尾砂水，废水中主要含有锑、砷、铅等污染物，采用"生物制剂深度处理"工艺，即"生物制剂配合—水解—絮凝分离"工艺，深度脱除废水中污染物，使治理后的废水达到出水要求。

（2）处理工艺流程简述：

① 5 000 m³/d 的含锑废水自流进入分配池进行废水临时储存，分配池出水进入批次反应池。

②在配合反应池内加入生物制剂发生配合反应，再进入水解反应池，根据系统 pH，在水解反应池中加入石灰乳调节体系 pH 进行水解反应，然后在絮凝反应池中加入少量絮凝剂进行絮凝反应，实现各污染物的深度脱除。

③反应后废水进入沉淀池实现固液分离，分离后的上清液自流至清水池后达标外排。

④沉淀池的底流通过污泥泵输送至储泥池内进行临时储存，然后经污泥泵打至尾砂坝进行安全处置。

2.4.1.4　主要处理设备

（1）分配池 1 座，尺寸 8.6 m × 4.6 m × 3.0 m（超高 0.4 m），HRT = 30 min。

（2）反应池 6 座，尺寸 3.0 m × 3.0 m × 3.7 m，HRT = 20 min。

（3）沉淀池 1 座，尺寸 27 m × 9.6 m × 3.7 m，HRT = 4.0 h；沉淀池污泥泵 2 台。

（4）储泥池 1 座，尺寸 4.0 m × 2.5 m × 2.5 m（超高 0.3 m）；污泥提升泵 2 台。

（5）药剂存储和投加系统一套。

2.4.1.5　处理效果

Sb＜0.3 mg/L、As＜0.1 mg/L、Pb＜0.2 mg/L。稳定达到《锡、锑、汞工业污染物排放标准》（GB 30770—2014）表 2 直接排放标准要求，且工艺运行稳定，净化高效。

2.4.1.6　设计特点

生物制剂技术由中南大学冶金与环境学院环境所和赛恩斯环保股份有限公司共同开发，荣获 2011 年度国家技术发明二等奖等多项重要奖项，并成功应用于多家大型冶炼企业。该工艺具有抗冲击负荷强、净化高效运行稳定、渣水分离效果好、渣中重金属含量高、利于资源化等优点。

2.4.1.7 其他

占地面积 900～1 000 m²；操作管理人员 8 人，采用四班三运制，每班 2 人。

工程现场如图 2-3 所示。

图 2-3 湖南某矿业公司尾砂水生物制剂深度处理工程现场

2.4.2 含锑矿区渗水处理实例

2.4.2.1 污水来源

湖南某锑矿企业主矿产品为锑，总矿区面积约 22.5 km²。含锑矿区渗水来源主要有三个方面：一是矿山本身所带的污染水，二是通过各种途径进入矿山的污染水，三是矿山大气降水和地下水。

2.4.2.2 设计水量水质

（1）废水量：10 000 m³/d。

（2）水质：Sb＜15.0 mg/L、As＜1.0 mg/L、SS＜200 mg/L、pH＜8。

2.4.2.3 处理流程及说明

（1）废水中主要含有 Sb、As、SS 等污染物，采用"生物制剂深度处理"工艺，深度脱除废水中以 Sb、As、SS 为主的污染物，从而使治理后的废水达到国家标准以及企业要求后回用或外排。生物制剂深度处理工艺流程如图 2-4 所示，其中批次反应池、斜管沉淀池各有两套设施，废水处理规模分别为 3 000 t/d、7 000 t/d。

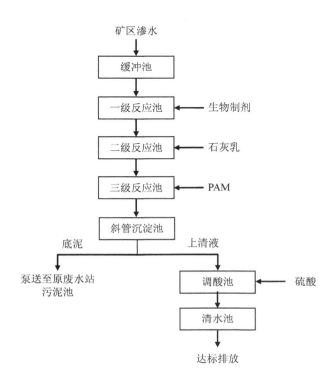

图 2-4　湖南某锑矿业企业矿区渗水生物制剂深度处理工艺流程

（2）处理工艺流程简述：

①基本流程为原水 ⟶ 配合反应 ⟶ 絮凝反应 ⟶ 沉淀 ⟶ 出水。

②原水进入尾砂库经过沉淀、净化、水质水量均化等预处理后，通过现有配水池将水分配到废水处理站。

③首先废水经缓冲池后进入批次反应池，在一级反应池中加入生物制剂与废水中的锑、砷等重金属离子发生配合反应，生成重金属配合物，接着进入二级反应池，在二级反应池内通过投加石灰乳调节体系 pH 进行水解反应，然后在三级反应池中加入少量 PAM 进行絮凝反应，实现锑、砷及悬浮物的深度脱除。

④反应后废水进入斜管沉淀池实现固液分离，分离后的上清液自流依次进入调酸池、清水池，在调酸池调节 pH 为 6～9 后，汇合至综合排放口排放。

⑤斜管沉淀池的底泥经桁车刮泥机泵至集泥池，污泥从集泥池经泵送至污泥浓缩池内进行固液分离，底泥自流进入老厂污泥收集槽，并泵送至尾矿库进行处置；浓缩池上清液流入缓冲池进行处理。

2.4.2.4　主要处理设备

（1）缓冲池 1 座，尺寸 11.6 m × 3.0 m × 3.0 m。

（2）反应池共 10 座：①3 000 t/d 废水处理系统 4 座反应池，尺寸 3.5 m × 3.5 m × 3.8 m（有效高度 3.5 m）；②7 000 t/d 废水处理系统 6 座反应池，尺寸 3.5 m × 3.5 m × 3.8 m（有效高度 3.5 m）。

（3）斜管沉淀池 2 座：①3 000 t/d 废水处理系统，尺寸 7.3 m × 30.0 m × 3.8 m（有效高度 3.5 m）；②斜管及支架 2 套，配备潜污泵 3 台。

（4）清水池 1 座，尺寸 11.1 m × 6.0 m × 3.8 m（有效高度 3.2 m）；HRT = 30 min。

（5）药剂存储和投加系统各一套。

2.4.2.5　处理效果

出水 Sb＜0.3 mg/L、As＜0.1 mg/L、SS＜70 mg/L，处理后的净化水水质达到《污水综合排放标准》（GB 8978—1996）、《锡、锑、汞工业污染物排放标准》（GB 30770—2014）排放标准。每年减排与回用净化水 700 万 t 以上，减排重金属污染物 51.48 t/a，其中锑减排 44.1 t/a、As 减排 2.7 t/a、SS 减排 390 t/a。

2.4.2.6　设计特点

（1）可同时深度处理多种重金属离子，抗冲击负荷强，净化高效，运行稳定，对于浓度波动很大且无规律的废水，经生物制剂深度处理技术处理后净化水中重金属离子浓度稳定达到标准要求。

（2）渣水分离效果好，出水清澈，水质稳定。

（3）水解渣量比中和法少，重金属含量高，利于资源化。

（4）处理设施均为常规设施，占地面积小，投资建设成本低，工艺成熟。

（5）运行成本低廉。

2.4.2.7　其他

占地面积约 3 000 m^2；操作人员 4 人；药剂成本低至 0.5～1 元/t 水。

工程现场如图 2-5 所示。

图 2-5　湖南某锑矿企业矿区渗水生物制剂深度处理工程现场

2.4.3 一体化处理装置应用实例

2.4.3.1 污水来源

某流域存在多处含锑废弃矿洞，洞内有含锑废水涌出，最终汇入附近河流内，造成流域内锑浓度超标。

2.4.3.2 设计水量水质

（1）废水量：860 m³/d。见表 2-3。其中 1#~6#矿洞废水量为 300 m³/d；7#矿洞废水量为 60 m³/d；8#~10#矿洞废水量为 500 m³/d。

（2）水质：Sb<4.0 mg/L、pH 为 6~8。具体各矿洞水质见表 2-3。

表 2-3 某流域 1#~10#矿洞废水锑浓度

矿洞编号	水量/（m³/h）	Sb 浓度/（mg/L）
1#	1.5	1.942
2#	2	1.053
3#	2	0.04
4#	2	0.025
5#	1	3.706
6#	2	0.042
丰水期 1#~6#矿洞涌水量约为 10.5 m³/h，锑平均浓度为 0.851 3 mg/L		
7#	2	0.1
丰水期 7#矿洞涌水量约为 2 m³/h，锑平均浓度为 0.1 mg/L		
8#	1.5	2.167
9#	2	0.767
10#	15	0.031
丰水期 8#~10#矿洞涌水量约为 18.5 m³/h，锑平均浓度为 0.283 8 mg/L		

2.4.3.3 处理流程及说明

其流程如图 2-6 所示。

（1）废水中主要含有锑重金属污染物，通过一体化处理装置进行处理，装置采用"生物制剂深度处理"工艺，深度脱除废水中的锑重金属污染物，有效减少锑进入流域内，保障周边居民饮用水安全。

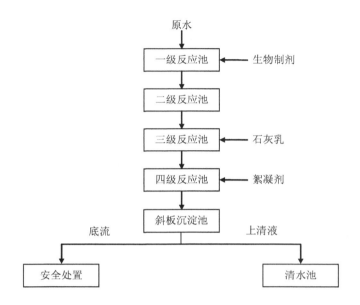

图 2-6　某流域矿洞水一体化处理装置应急处理工艺流程

（2）一体化处理装置内处理工艺流程简述：

①通过废水提升泵进入一级反应池，在一级反应池中加入生物制剂发生配合反应；在三级反应池中加入石灰乳调节体系 pH，进行充分水解，然后在四级反应池中加入絮凝剂发生絮凝作用后进入沉淀池实现固液分离。

②分离后的上清液进入清水池后回用或排放。

③沉淀池的底流进行安全处置。

2.4.3.4　主要处理设备

（1）60 m³/d 智能一体化处理系统

①建筑部分：沉砂收集池 4.0 m × 2.0 m × 2.4 m。

②一体化处理装置：成套设备。

（2）300 m³/d 智能一体化处理系统

①建筑部分：调节系统（调节池 1 座），5.5 m × 5.0 m × 4.3 m。

②一体化处理装置部分：反应系统（批次反应池 8 座），1.35 m × 1.35 m × 2.5 m；沉淀系统（斜板沉淀池 2 座），3.0 m × 2.8 m × 4.0 m；压滤系统（储泥池 1 座），5.0 m × 2.5 m × 2.4 m；清水系统，中转池 2.8 m × 2.75 m × 2.4 m 和清水池 2.8 m × 2.0 m × 2.4 m；药剂系统、在线监测系统各一套。

（3）500 m³/d 智能一体化处理系统

①建筑部分：调节系统（调节池 1 座），8.0 m × 5.75 m × 4.3 m。

②一体化处理装置部分：反应系统（批次反应池 8 座），1.8 m × 1.8 m × 3.0 m；沉淀系统（斜板沉淀池 2 座），4.0 m × 4.0 m × 4.8 m；储泥池 1 座，7.0 m × 3.6 m × 2.5 m；清水系统，中转池 1 座，3.75 m × 3.6 m × 2.1 m，清水池 1 座，3.6 m × 2.4 m × 3.0 m；药剂系统、在线监测系统各一套。

2.4.3.5　处理效果

一体化设施出口锑去除率达到 90%。

2.4.3.6　设计特点

（1）采用本工艺技术路线，废水处理系统耐冲击负荷高，具有较高的稳定性，出水水质可确保达标排放。

（2）生物制剂深度处理工艺，确保出水澄清，各污染指标达到排放标准。

（3）废水处理设施采用集成式、模块化设备，平面及高程布置灵活，占地面积相对较小，本设备可根据场地平面情况进行灵活组合。

（4）一体化处理系统，基于相关的互联网技术，通过手机客户端、云平台登录账户用户名及密码，实时观测运营项目的运行数据、设备运行情况等；根据相关的远程数据分析、视频监控服务、预警设置，从而远程控制相关生产设备的运行，可节省现场操作管理人员，更有利于业主对现场的人员管理、物料调度、安全生产等，进一步提高了系统运行的稳定性。

2.4.3.7　其他

总投资为 1 000 万～1 500 万元；药剂成本为 2～4 元/t 水。

2.4.4 某采矿矿井涌水吸附法应用实例

2.4.4.1 污水来源

某年采 8 万 t 锑原矿矿井涌水。

2.4.4.2 设计水量水质

（1）废水量：500～1 000 m³/d。

（2）水质：锑含量为 4～20 mg/L，Zn 含量为 0.1～1.0 mg/L，Cu 含量为 0.1～0.9 mg/L，Fe 含量为 0.5～6 mg/L，pH 为 5～8。

2.4.4.3 处理流程及说明

其流程如图 2-7 所示。

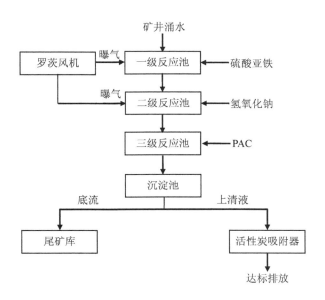

图 2-7 某矿井涌水处理工艺流程

（1）矿井涌水锑浓度超过《锡、锑、汞工业污染物排放标准》（GB 30770—2014）相关限值，必须经处理达标后才能排放。

（2）处理工艺流程简述：

①废水经提升泵从井下泵送至混凝反应池，在反应池内投加的药剂主要为硫酸亚铁、氢氧化钠和 PAC，混凝反应后进入沉淀池进行固液分离；

②沉淀池上清液经活性炭吸附后达标排放，活性炭再生液返回反应池处理。

2.4.4.4　主要处理设备

（1）混凝沉淀处理：2 座 40 m^3 混凝反应池；1 台 2.1 m^3/min 罗茨风机；1 座 17.2 m × 18 m × 3.5 m 平流沉淀池。

（2）活性炭吸附处理：2 台 Φ2.5 m 处理能力 25 m^3/h 活性炭吸附器。

2.4.4.5　处理效果

pH 为 6～9，SS≤20 mg/L，Sb≤0.3 mg/L。

2.4.4.6　设计特点及经验教训

活性炭再生效果一般，需要定期更换活性炭。

2.4.4.7　其他

占地约 400 m^2；操作管理人员 6 人。

2.4.5　资江流域锑污染治理实例

2.4.5.1　高位推进资江流域锑污染治理

"十二五"以来，生态环境部会同国家发展改革委等部门积极指导和推动湖南省落实《重金属污染综合防治"十二五"规划》和《湘江流域重金属污染治理实施方案》，株洲清水塘、郴州三十六湾、娄底锡矿山、衡阳水口山和湘潭竹埠港等地区企业关停搬迁和污染治理取得积极成效，区域生态环境质量持续改善。2021 年，国家发展改革委先后印发《关于加强长江经济带重要湖泊保护和治理的指导意见》和《"十四五"重点流域水环境综合治理规划》，对包括资江在内的洞庭湖流域"十四五"时期生态环境治理工作作出了全面部署。2022 年 3 月，生态环境部印发《关于进一步加强重金属污染防控的意见》，将锑列为重点防控的重金属污染物，将锑矿采选和锑冶炼行业纳入重金属污染防控的重点行业，并从推进重点行业减排、强化监控预警、完善标准体系等方面提出锑产业污染治理要求，不断督导各地提升锑等重金属环境风险防控能力。生态环境部牵头编制的《"十四五"重点流域水生态环境保护规划》，也对资江水系锑污染治理提出具体任务措施，包括严格锑污染物排放控制，实施娄底市青丰河、涟溪河和益阳市沾溪锑污染物综合整治等。

湖南省生态环境厅制定了《资江流域锑污染整治工作方案》，明确分管领导牵头负责，土壤生态环境处具体负责，其他处室根据职责配合开展相关工作。邵阳市多次召开市委常委会、市政府常务会进行研究部署，制定了整改方案，明确由市生态环境局牵头，邵东县、新邵县、新宁县、邵阳县 4 县党委政府为责任主体单位，市领导分片包干推进资江锑污染治理工作。娄底市以锡矿山区域环境综合治理为重点，制定了《娄底市"十三五"重金属污染防治规划》《娄底市锑污染整治行动计划（2017—2022）》，成立了市委书记任政委、市长任总指挥的锡矿山区域环境综合治理攻坚战指挥部，冷水江市、新化县成立了前线指挥部，全力推进资江流域锑污染治理工作。益阳市成立由市委书记、市长为双组长的资江流域益阳段锑污染工作整治领导小组，全面加强对锑污染整治工作的组织领导、综合协调、监督检查，市委、市政府多次召开专题会议，研究部署整治工作，市领导以"四不两直"方式深入锑污染整治重点区域现场督导。

2.4.5.2　开展污染源排查和断面监测

湖南省生态环境厅组织邵阳、娄底、益阳市 3 市对涉锑遗留矿洞、涉锑矿山堆场、涉锑企业疑似污染地块、在产涉锑企业等进行全方位、全覆盖污染源排查，并根据污染状况实施风险管控或治理修复。组织省生态环境监测中心、省环科院等部门对资江流域水环境治理状况进行综合分析，对监测断面设置情况、水环境质量变化趋势和水环境质量现状进行了全面评估；同时对资江流域 3 个国控断面、13 个省控断面、2 个污染治理监控断面（青丰河、涟溪河）每月进行监测，及时掌握锑浓度变化情况，对监测数据开展综合分析，查找原因，有针对性地开展治理工作。

2.4.5.3　开展涉锑企业整治

截至 2021 年，邵阳市全部关闭取缔非法涉锑企业，11 家涉锑企业中只有湖南新龙矿业有限公司 1 家在产，该公司已完成重金属污染综合整治工程；邵阳县依法对湖南四维矿业发展有限公司停产期间规避监管排放矿井废水行为进行立案查处，对湖南新龙矿业有限公司应急处置不当、环保设施不正常运行行为立案查处。娄底市锡矿山地区共取缔选矿手工小作坊 145 处，锑冶炼小企业由 90 多家关闭至 8 家，淘汰落后产能 17.5 万 t，将 4 家锑采矿企业和 1 个探矿权整合成 1 家矿业公司，关停闪星锑业化工厂和锌厂，目前锡矿山地区仅存采选冶一体的国有企业闪星锑业有限责任公司、1 家民营采矿企业、8 家民营冶炼企业和 1 家民营选矿企业。益阳市安化县渣滓溪矿业有限公司投入 2 700 万元，修建一座 200 m³ 的循环水池，完善厂区雨污分流和废水收集设施，建成一座处理能力 140 t/h 的废水处理设施；桃江久通锑业有限责任公司完成废水处理系统、烟气脱硫系统、厂区初期雨水、尾砂库渗水收集系统等环保设施的升级改造，废水锑排放值达到 0.1~0.15 mg/L；华昌锑业、国辉锑业、生力材料科技等企业也完成了废水废气治理提质改造工程；对益阳市金明有色金属有限公司生产设备进行了拆除，遗留的原料和原超期贮存的危废砷碱渣已全部转移处置完毕。

2.4.5.4　加强污染源头防控

邵阳市先后完成了湖南新龙矿业有限责任公司重金属综合整治工程和重金属废水治理、新邵辰州锑业有限责任公司三废治理改造、新邵县三郎庙铅锌锑多金属矿有限公司重金属废水污染治理、新宁县涉锑企业历史遗留重金属废渣污染治理等一批重金属治理项目。娄底市 9 家锑冶炼企业均建设废水处理回用设施和烟气治理设施，并达到排放；锡矿山地区建立了 13 座含重金属废水处理站，总处理能力 2.45 万 t/d；将历史遗留的 15 万 t 砷碱渣全部入库安全贮存，已累计处理砷碱渣 1.38 万 t，处理野外混合砷碱渣约 13.5 万 t，治理一般固体废物 5 000 多万 t。益阳市赫山区投资 6 000 余万元，建设一座设计库容为 12 万 m³ 的填埋场，填埋场面积约 13 600 m²，原益阳市锑品冶炼厂历史遗留的 15 万余 t 废渣依托该填埋场已安全处置到位；安化县委托有危险废物资质的专业公司对金正锑品厂库容废渣进行安全处置；桃江县对已关闭的 19 家涉锑企业残留含重金属废水，由专业环保治理公司进行了安全处理，将全县 35 家涉重金属企业遗留的 6 800 多 t 废渣安全处置。

2.4.5.5　实施污染治理项目

　　邵阳市先后完成了邵阳县大田选矿旧址修复，原新邵县松华冶炼厂土壤修复，新邵县龙山采矿区重金属污染综合整治，新宁县洄水湾、五里山、龙口 3 个片区废渣整治工程等治理项目。娄底锡矿山区域已完成土壤治理与修复工程 1 个，开工建设 2 个，治理污染场地面积近 2 500 亩①；已建成 2 万亩矿区复绿示范基地，完成防污抗污林 1.1 万亩，开发林业产业基地 1 万亩。益阳市实施了安化县奎溪镇木榴村原松溪锑矿废矿坑环境污染风险管控项目和马路口镇金正锑冶炼厂遗留场地风险管控项目。通过综合治理，2020 年资江流域饮用水水源地水质锑年均浓度均已达标，桃谷山断面、桃江县一水厂锑年均浓度分别下降到 0.004 4 mg/L、0.004 5 mg/L；娄底市入境的球溪断面和出境的坪口断面锑年均浓度达标；锡矿山区域青丰河、涟溪河 2 个断面锑平均浓度较 2017 年下降了 30%。

2.4.5.6　强化治理资金项目支持

　　国家发展改革委充分发挥中央预算内投资作用，积极支持和指导湖南省开展洞庭湖流域水环境综合治理，做好包括资江在内的入湖重要河流流域水环境治理。生态环境部在重金属污染治理资金项目方面对湖南给予重点支持，2010 年至 2020 年，协调财政部累计安排中央重金属污染防治专项资金和土壤污染防治专项资金近 95 亿元支持湖南省污染治理工作，约占当期全国相关资金总量的 20%，对于减少重金属污染、改善地区环境质量起到了积极作用。2021 年，中央财政继续安排水污染防治资金 25.25 亿元和土壤污染防治资金 5.03 亿元，用于支持湖南省开展流域水污染治理和土壤污染防治等工作。

①　1 亩=1/15 hm²。

————— 第3章 —————
土壤锑污染防治技术与典型案例

3.1 概述

3.1.1 土壤环境锑污染现状

锑已被证实对人体及生物具有毒性及致癌性，并导致肝、皮肤、呼吸系统和心血管系统方面的疾病，锑中毒具有潜伏期长的特点。环境中的锑以人为输入为主，其来源有采矿、冶炼、锑矿产品、煤炭等其他矿产品、农业药剂和城市固体废物等，其中污染最大的是锑矿产品、煤炭等矿产品的使用和采矿冶炼过程。

土壤中锑的背景值为 0.3～8.6 mg/kg，通常低于 1 mg/kg，全世界土壤中锑的平均含量为 1 mg/kg。德国和荷兰土壤中锑的最大允许含量分别为 3.5 mg/kg、5 mg/kg。我国建设用地中第二类用地土壤锑污染风险筛选值为 180 mg/kg。因为粗放式开采与落后的冶炼技术以及频繁的工农业活动、大气沉降等将大量锑带入土壤环境中，造成土壤受到严重污染。湖南冷水江市锡矿山锑矿周围土壤平均锑浓度达到 5 949.20 mg/kg，并且伴随有严重的砷、镉、汞等重金属污染。广西河池铅锑矿冶炼区土壤中锑达 155～30 439 mg/kg，3 种不同土壤类型铅、砷、铜、锑的含量关系大小依次为水稻田＞菜地＞荒地。其他矿区（如石门雄黄矿区、浏阳七宝山矿区）也都存在锑污染。除矿山开采和冶炼、矿区尾矿、岩石的风化和淋滤以外，污染物的大气沉降、污水排放等也是土壤锑污染的主要来源。据统计，全球每年有（4.7～47）× 10^6 kg 的锑输入土壤。由于汽油的燃烧和锑在轮胎、制动衬面中的广泛应用，公路附近土壤中锑含量也有一定程度的增加。

3.1.2　土壤中锑的来源

锑在环境中含量微量但普遍存在，在地壳中的丰度为 0.2～0.3 mg/kg。在世界范围内，土壤中锑的含量一般为 0.2～10 mg/kg，中位值是 0.1 mg/kg，但普遍都小于 1.0 mg/kg。我国土壤中锑的环境背景值为 0.38～2.98 mg/kg。目前，由于中国经济的快速发展，土壤锑污染逐渐严重，甚至有向全国蔓延的趋势。研究表明，土壤中的锑污染主要源于自然活动和人为活动。

3.1.2.1　自然活动

金属元素最重要的来源是土壤自然起源的母体物质。锑在沉积岩和岩浆岩中有小范围的分布，但主要还是存在于辉锑矿、方锑矿和锑华等矿石中，经过雨水的冲刷和淋溶作用，这些金属锑以硫化物的形式蓄积在土壤各深度之间。研究表明，含锑岩石的风化以及大气中锑尘的降落也是土壤中锑的主要来源之一。此外，在一些富集锑地区，如锑矿区，由于地质的原因，导致某些温泉和地热地带周围土壤的锑含量也存在偏高现象，另外，火山喷发、地壳侵蚀和森林火灾等极端的自然过程也会向土壤环境释放锑元素。

3.1.2.2　人为活动

由人类活动所引起的锑污染问题是土壤中锑污染的主要原因。综合各方面的研究资料发现，目前土壤中锑污染的主要人为来源以及潜在人为来源有两个方面：

一是矿物的开采和冶炼。2006—2010 年，每年全世界锑产量在 $1.5 × 10^5$ t 以上，超过 90%来自中国。由于锑冶炼工业发展缓慢，目前常用的冶炼技术主要是回转窑挥发焙烧—还原熔炼以及湿法炼锑。这两种冶炼方法都存在技术含量较低，锑回收效率低下等问题，从而导致大量的锑在冶炼过程中随着产生的废水、废气、废渣被排出，进而通过自然沉降、溶解渗透等途径迁移到土壤中，引发锑污染问题。

二是煤炭资源的开采和燃烧。煤炭成分复杂，锑是其中比较常见的一种元素。随着煤炭开采量和利用量的不断增大，不可避免地会造成特定地区甚至较大范围内的锑污染。唐书恒分析了 674 个样品得出我国煤中锑含量的平均值为 2.01 mg/kg。Qi 等收集了包括贵州高锑区的煤炭样品得出中国煤中锑的平均值为 7.06 mg/kg，而非典型高锑区的煤样品中锑的平均值为 2.27 mg/kg。研究表明在煤的燃烧过程，锑会以气态形式吸附在飞灰等细小颗粒物上，通过大气降水以及自然沉降等途径迁移到土壤当中，造成土壤锑污染问题。

3.1.2.3　其他来源

锑是一种常用的金属材料，已经被大量用于生产各类阻燃剂、玻璃、橡胶、涂料、油漆、陶瓷、塑料、半导体元件、烟花、农药等各种生产生活用品，在医药以及化工等许多的部门同样应用广泛。近年来，人们更是以锑剂作为聚酯塑料瓶生产的催化剂。因此，在锑的应用过程中不可避免地会被释放入土壤环境中，成为新的污染源。例如，在我国的城市垃圾、高速公路附近、医疗垃圾以及电子垃圾等所在地的土壤环境中均发现较高浓度的锑元素。

3.1.3　土壤中锑的危害

大气、土壤和水环境构成了锑的主要循环路径，锑在生物圈内周而复始地循环，通过缓慢的水土累积和动植物富集等，对人体健康构成潜在的威胁。锑不是生命必需的元素，而是一个有潜在毒性和致癌性的类金属元素，在环境中普遍存在。由于锑和砷在化学元素周期表中属于同族元素，两者化学性质相似，主要以无机 $Sb(V)$ 和 $Sb(III)$ 存在，易挥发种类（SbH_3）和甲基化种类也存在于自然环境中。锑的毒性也与 As 相似，单质锑比其化合物毒性大，无机锑比有机锑毒性强，$Sb(III)$ 化合物毒性是 $Sb(V)$ 化合物的十多倍。锑对人体及动物的毒害相当严重。大气、水体、土壤、植物体中的锑可以通过皮肤接触、呼吸、食物链等途径进入人体及动物体内，长期暴露于低剂量锑的环境中会引起慢性锑中毒，而长期吸入低浓度锑粉尘及锑烟雾可产生肺尘病。此外，锑化合物对人体的免疫系统、神经系统、基因、发育等都具有潜在的毒性。

锑作为一种两性元素，易与其他元素形成锑的衍生物（锑化物、氢化物、有机锑化物等）。锑的毒性大小首先与其总量有关，总量越高毒性越大，但最主要的因素还是取决于其存在形态。其中，单质锑的毒性高于其盐类，无机锑的毒性高于有机锑，正三价的毒性高于正五价，且同等价态锑的毒性还与其化合物的形态以及晶体结构有关。锑一旦进入生态系统，就会对生物体产生持久性危害，其主要危害有如下几点：

3.1.3.1　锑对植物的危害

锑元素虽然作为植物生长发育非必需元素，但是，溶液形态的锑却能被植物很容易吸收，并且参与植物的代谢循环，从而在植物体内累积。Pan 等通过盆栽实验模拟锑污染土壤中玉米各部位的锑累积情况和生长情况，发现当土壤锑含量为 1 000 mg/kg 时，玉米地上部分的锑含量为 68.42 mg/kg，明显高于其根部的锑含量（26.50 mg/kg）。冯人伟报道在我国湖南锡矿山锑冶炼厂周边生长的水稻其根部、茎叶部和种子中锑含量分别为 225.34 mg/kg、18.78 mg/kg 和 5.79 mg/kg。

影响植物的生长发育状况和生物量大小是锑对植物最直接的毒害效应。He 和 Yang 研究表明不同浓度的 $Sb(III)$ 和 $Sb(V)$ 均能影响水稻种子的发芽率和根系的生长情况。在较低浓度（0～50 μg/mL）时，$Sb(III)$ 能够促进水稻芽的生长，其促进率为 8.2%～18.7%；在较高浓度（100～1000 μg/mL）时，$Sb(III)$ 会阻碍芽的生长，其抑制率为 0.6%～37.1%。此外，无论是 $Sb(III)$ 还是 $Sb(V)$，只要其在土壤中浓度大于 1 μg/mL，都会抑制水稻根系的生长。鞠鑫通过研究盆栽实验发现，$Sb(III)$ 能阻碍大麦、小麦以及黄瓜种子的发芽率以及植株的根伸长情况，且 $Sb(III)$ 的浓度越高，3 种植物的发芽率越低。当 $Sb(III)$ 浓度为 12.5～100 mg/L 时，$Sb(III)$ 对 3 种植物的发芽率影响大小依次为大麦＞小麦＞黄瓜；当 $Sb(III)$ 浓度达到 1 600 mg/L 时，对小麦的发芽率及根伸长抑制率分别达到 31.9% 和 69.2%，对大麦发芽率及根伸长抑制率分别达到 35% 和 8.3%；只要 $Sb(III)$ 浓度超过 800 mg/L 时，黄瓜种子几乎不发芽。除对以上这些植物生长参数有影响外，锑还能破坏植物生长、发育、代谢以及循环，抑制叶绿素的合成作用进而导致叶片光化学效率降低，甚至还能破坏植物体内各类生物酶的活性等。张道勇等发现 $Sb(III)$ 可以抑制水稻中的 α-淀粉酶活性，但是低浓度（5～50 mg/L）的 $Sb(V)$ 可以增加 α-淀粉酶活性，而高浓度（100～1 000 mg/L）的 $Sb(V)$ 却抑制了 α-淀粉酶活性。

3.1.3.2　锑对动物和人体的危害

锑及其化合物可以通过呼吸道、消化道或皮肤等途径进入人体，从而引起锑中毒。锑的急性中毒表现为呕吐、腹痛、腹泻、血尿、痉挛及心律失常等症状，甚至还能引起肝硬化、肌肉坏死、肾炎、胰腺炎等。锑及其化合物的慢性毒性试验证明，锑可与蛋白质中的巯基（—SH）发生结合，抑制某些巯基酶（如琥珀酸氧化酶）的活性，干扰体内蛋白质及糖类物质的正常代谢，从而对生物体产生严重的毒害作用。

据研究报道，长期暴露在高浓度锑环境下作业的人，全身多组织器官（呼吸道、皮肤、眼睛、心脏、肝脏等）明显受损。其中呼吸道受损主要表现为锑尘肺；皮肤受损主要表现为皮肤瘙痒或者皮疹；眼部受损主要表现为外眼充血、刺痛以及视力下降等。同样地，在低浓度锑环境下作业的劳动者身体同样会受到各种不同程度的损害，主要表现为锑会通过呼吸道等途径进入人体并长期蓄积，各组织器官的发病率和致癌率会呈不同程度的增长。锑对动物同样会造成各种危害。Taun 等在研究锑对小鼠行为能力以及器官功能障碍血液指标的影响中发现：与对照组小鼠相比，暴露于酒石酸锑钾水合物（10 mg/kg）的小鼠显著（$p < 0.05$）减少了张开双臂的频率，增加了张开双臂的时间，造成小鼠行为障碍。此外，锑还改变了小鼠的肝肾功能血液指标，诱导小鼠的肝肾的组织学结构发生显著（$p < 0.05$）变化，对小鼠的神经行为造成不可逆的毒性作用。Dieter 等比较了口服摄入 Sb(Ⅲ)和腹腔注射 Sb(Ⅲ)两种给药方式对 F344 大鼠和 B6C3F1 小鼠毒性的差异，研究发现由于两种实验鼠吸收不良，口服 Sb(Ⅲ)相对无毒；而腹腔注射 Sb(Ⅲ)会导致两种实验鼠体重下降和肝肾细胞变性坏死，其死亡率随给药剂量增加而上升。

目前《土壤环境质量　建设用地土壤污染风险管控标准（试行）》（GB 36600—2018）中设置了土壤中锑污染相关的筛选值和管制值，农用地土壤中锑的污染风险管控尚没有相关标准。

3.1.4　锑在土壤中的环境行为

锑虽然作为一种毒性强、迁移性强的全球性污染物，但是对其迁移转化等方面的研究较少。锑在各种环境介质中主要以 4 种化学形态存在，即负三价、零价、正三价与正五价。此外，锑还能与其他元素形成 100 多种锑化物，如硫化物、锑酸盐等，反映了锑理化性质的活泼性和多样性。土壤氧化还原的条件不同，锑的存在状态也会随之发生变化，若土壤环境的氧化性较强，则锑主要以五价形式存在，或是五价与三价共存；在还原性的土壤中，锑以三价形式存在居多，Sb(Ⅲ)通常会与相对不稳定的铁、铝水合氧化物相结合形成稳定化合物。在有机质含量较高的土壤中，锑也能与溶解性有机质或非溶解性有机质结合形成稳定的络合物。因此，锑在土壤环境中，经过吸附/解吸、溶解/沉淀、氧化/还原、络合（螯合）、质子化等不同的生物地球化学行为，在土壤内部及其环境之间不断发生着迁移转化。

3.1.4.1　锑在土壤中的迁移

土壤中锑的迁移过程受其化学性质、生物学性质、土壤物理化学性质和环境条件等多方面的影响。物理作用、化学作用和生物作用是锑在土壤中的主要迁移过程，但是它的迁移形式复杂多样，一般是多种方式同时作用。模拟土柱淋溶实验是当前研究土壤剖面重金属迁移规律的主要方法。研究表明，锑在不同土壤中的迁移能力是明显不同的，甚至在同类型土壤不同深度的迁移能力也存在显著差异。例如，姚娜报道锑在东北黑土中的迁移能力最弱、砂土与湖南红壤中最强、北京潮土次之。李璐璐通过研究锑在不同土壤中的迁移能力，通过土柱穿透曲线指出锑在红壤的迁移性较棕色石灰土弱。鞠鑫指出人为污染产生的锑在土壤中迁移性较差，相较于铜和砷，生物可利用的溶解性锑含量较少，但滞留在土壤中的锑仍会进行缓慢的迁移，其迁移的程度与土壤的理化属性有关，因土壤的理化属性不同而存在较大的差异。此外，若土壤存在流动性较差、含盐量高、酸碱度强以及渗流量大等情况时，锑的迁移活性也会随之提高。因此，通过研究锑在不同土壤中的迁移特性，对于剖析锑的地球化学行为而言有着重要的作用。

3.1.4.2　锑在土壤中的转化

锑在土壤环境之间的转化过程同样也会受到物理、化学和生物的影响，其中微生物在锑的转化过程中扮演着重要的角色。土壤环境中的锑氧化菌能将毒性较强的 Sb(Ⅲ)转化为毒性相对较弱的Sb(Ⅴ)，对自然界锑的循环代谢起着非常重要的作用。Luo 等对湖南锡矿山的土壤微生物进行高通量测序和生物信息学分析，发现 5 种门类（放线菌门、厚壁菌门、软壁菌门、硝化螺旋菌门及芽单胞菌门）的微生物与锑有着明显的生物学联系，这表明锑代谢微生物极大可能存在于这 5 个门类中，并且这 5 个门类的微生物很有可能参与锑在土壤环境中的转化。Li 等研究表明锡矿山矿区土壤中大约存在 25 种抗锑菌，随后从其中分离得到 6 株具有不同氧化 Sb(Ⅲ)能力的菌株，这些菌株由于具有特定的金属抗性蛋白基因，能快速将 Sb(Ⅲ)氧化为 Sb(Ⅴ)，其中丛毛单胞菌属类菌株氧化能力最强，能在 72 h 之内将 50 μmol/L 的 Sb(Ⅲ)彻底氧化成 Sb(Ⅴ)。Shi 等在中国采集了 11 个典型矿区的含锑土壤样品，分离培养得到 100 多株耐锑菌，其中具有氧化 Sb(Ⅲ)能力的 36 株菌来自假单胞菌属（*Pseudomonas*）、丛毛单胞菌属（*Comamonas*）和不动杆菌属（*Acinetobacter*）。除氧化过程外，锑还很容易在微生物的作用下进行甲基化过程，研究表明 Sb(Ⅲ)比 Sb(Ⅴ)更容易发生甲基化，锑的甲基化形式主要包括 3 种：CH_3SbH_2(MMS)、$(CH_3)_2SbH$(DMS)和$(CH_3)_3Sb$(TMS)。Michalke 等研究表明厌氧污泥中存在可进行锑甲基化反应的古生菌，随后在甲基化实验中发现 *Clostridium collagenovorans* 和 *Desulfovibrio vulgaris* 通过甲基化过程可产生 TMS，*Methanobacterium formicicum* 可同时将无机锑化合物转化为 MMS 和 DMS。Smith 等研究报道土壤中的真核微生物 *Cryptococcus humicolus* 在加 Sb(Ⅴ)条件下，可以进行甲基化产生 DMS。

3.1.4.3 锑在土壤中吸附及其影响因素

在众多的生物地球化学行为中，金属离子在各种土壤介质上的吸附作用直接决定其在土壤环境中的迁移转化，因此吸附作用就显得尤为重要。吸附作用是指溶质在固体表面和溶液中进行物质交换的过程，但不包括表面的沉淀和络合过程。根据吸附机理，土壤对金属离子的吸附可以分为静电吸附和专性吸附。静电吸附也称电性吸附或非专性吸附。根据双电层理论，为了保持电中性，带电荷的土壤胶体表面通过静电引力吸引带相反符号的离子，从而使胶体表面附近这些离子的浓度大于本体溶液，这个过程称为静电吸附，由于静电吸附结合力较弱，多形成外圈化合物；土壤对离子的吸附有时还涉及胶体表面与离子之间的专性作用力，由这种专性力而发生的吸附称为专性吸附，专性吸附和静电吸附有着本质的不同，专性吸附结合力较强，多形成内圈化合物。

土壤环境中吸附锑最重要的界面是无机胶体，如黏土、金属氧化物和氢氧化物、碳酸盐和磷酸盐；岩屑和活的有机体组成的有机胶体物质，如藻类和细菌也能为锑的吸附提供界面。当锑进入土壤环境后，首先可能通过物理作用吸附至土壤颗粒表面，随后通过扩散作用进入土壤颗粒内部，或者在颗粒表面进一步与其他金属离子或有机污染物发生氧化还原、络合等化学变化，所以，土壤对锑的吸附作用也决定了锑在土壤中的迁移转化以及生物利用的有效性。研究表明，影响土壤对污染物吸附的主要因素包括土壤环境 pH、氧化还原电位、土壤有机质以及土壤中其他金属离子或有机物污染物的共存，因而在土壤环境中，研究锑在不同环境因子的作用下的吸附性能和吸附机理就显得尤为重要。

1）pH 的影响

由于 pH 能影响土壤中金属离子的水解、离子对的形成、有机物的溶解性以及土壤表面电荷性，因此，pH 是决定土壤吸附金属离子能力大小的重要参数。Sb(Ⅲ)在不同 pH 条件下存在形态不同，当 pH<2.0 时以 $Sb(OH)^{2+}$ 形式存在；当 pH 为 2.0～10.4 时以 H_3SbO_3 或 $Sb(OH)_3$ 形式存在；当 pH>10.4 时以 $H_2SbO_4^-$ 或 $Sb(OH)_4^-$ 形式存在；Sb(Ⅴ)在弱酸、中性和碱性范围内以 $Sb(OH)_6^-$ 或 SbO_3^- 形式存在。大量研究表明，pH 对锑在土壤中的吸附影响很大。李璐璐研究了其在不同 pH 的条件下，红壤和棕色石灰土对锑的吸附特性，其结果表明，锑的吸附曲线可划分为低 pH 弱吸附区、中 pH 吸附增长区和高 pH 强吸附区，且随着 pH 的升高，供试土壤对锑的专性吸附作用增强。Thanabalasingam 等研究表明，土壤中锰、铁、铝的水和氧化物对 $Sb(OH)_3$ 和酒石酸锑等 Sb(Ⅲ)化合物具有较强的吸附作用，吸附能力依次为 MnOOH>AlOOH>FeOOH，且当 pH>6 时，Sb(Ⅲ)吸附量随 pH 的增加而减少。李宁等研究了不同 pH 条件下湘中典型矿区土壤对 Sb(Ⅴ)的吸附特征，结果表明，矿区土壤对 Sb(Ⅴ)吸附量与 pH 具有明显的相关性。当 pH=3.0 时，土壤对 Sb(Ⅴ)的最大吸附量是 0.478 mg/g，且随着 pH 的增大土壤对 Sb(Ⅴ)的最大吸附量逐渐下降。

2）DOM 的影响

DOM 通常被定义为土壤中能够溶于水的那部分有机物，具体是指土壤用水浸提后，能通过 0.45 μm 孔径滤膜的大小和结构不同的有机分子的连续统一体。从某种意义上说，土壤 DOM 仅是一个操作上的定义，没有一定的化学内涵。DOM 由不同的活性物质（如蛋白质、氨基酸、碳水化合物、富里酸、胡敏素等）组成，并带有各种不同的活性官能团（如羟基、羰基、羧基、氨基、酚类等）。DOM 由于自身其组成的多样性及性质的特殊性，对调节和平衡生物地球化学循环具有重要的意义。DOM 能调节土壤环境的酸碱平衡，提高土壤营养物质的生物利用率，甚至对污染物的吸附解吸、迁移转化，以及各种物理、化学和生物过程都能产生重要影响。进入土壤的金属离子本身在土壤中就具有一定的吸附迁移作用，加上土壤 DOM 的水溶性较强，并且 DOM 能与金属离子发生吸附絮凝作用、表面络合作用以及螯合作用，导致金属离子在水土界面之间相互迁移转化，使其进入深层土壤进而污染地下水等环境。因此，DOM 在国际上被公认为是土壤或水体中最活跃的成分之一。

大量研究表明，DOM 的存在能够影响土壤对金属离子的吸附，这是因为 DOM 可通过配位键或离子键与金属离子结合形成金属—DOM 复合物,进而增强或减弱金属离子滞留在土壤中的能力。例如 Fan 等证明了与没有 DOM 的土壤相比,土壤中 DOM 的存在增强了 Sb(Ⅴ)在土壤中的保留程度,这是因为 DOM 携带的羧基、羟基等官能团能与 Sb(Ⅴ)发生强烈结合。王一帆同样也报道了存在 DOM 和不存在 DOM 的土壤对 Pb(Ⅱ)的最大吸附量分别为 19.32 mg/g 和 16.96 mg/g,表明 DOM 的存在能有效增强吸附量,这是因为 DOM 的腐殖质类物质和类蛋白物质能提供大量活性吸附位点。此外,研究表明,不同 pH 条件也能影响 DOM 与金属离子在土壤中的吸附。高太忠研究指出在酸性条件下, DOM 的存在对 Zn(Ⅱ)在土壤中的吸附有一定的抑制作用,但总体上 DOM 的存在是能够促进 Zn(Ⅱ)在土壤中的吸附。对于 Pb(Ⅱ)而言,酸性条件下 DOM 的存在对土壤中 Pb(Ⅱ)的吸附起抑制作用,碱性条件下起促进作用。黄泽春等研究 DOM 的存在对中国不同纬度地带土壤吸附 Cd 的影响。他们指出在南方酸性土壤中,DOM 的存在对 Cd 吸附的影响以促进作用为主;而在北方的中性和碱性土壤中,却主要表现为抑制作用。

3)重金属的影响

土壤中一些其他重金属元素的共存也会对目标金属离子在土壤中的吸附产生影响。研究发现在重金属复合污染土壤中,不同种金属离子在土壤中的吸附存在明显的竞争关系,即一种离子的存在会对共存的其他离子的吸附产生抑制作用。金属离子之间的竞争吸附影响着它们在土壤中潜在的生物有效性、毒性以及向下迁移的能力。Flogeac 等研究土壤对 Cu、Zn、Cr 的单独吸附和竞争吸附时发现,与单独吸附相比,当三者共存时,由于土壤活性位点的有限性和离子之间的竞争性,土壤对各离子的吸附量下降 30%～50%。杨贞等研究指出当 Pb 和 Cd 共存时,两种离子在不同剖面土壤中存在竞争吸附作用,致使 Pb 和 Cd 的吸附量均降低且两者的竞争性吸附离子亲和力效应为 0.8～0.9,增强了 Pb 和 Cd 的生物有效性。此外,一些研究表明在某些特定情况下,如金属离子浓度较低,各离子之间不存在相互竞争作用或者竞争作用不明显。Saha 等在研究中指出,在低浓度的条件下,Cd、Zn、Pb 之间不存在对吸附位点的竞争且吸附主要以专性吸附为主,但在高浓度条件下由于活性吸附位点的不足以及竞争作用的加强,各离子的吸附量明显降低。

相较于其他金属离子,锑在土壤中与其他金属离子的吸附研究则相对较少,目前主要的研究集中在锑的同主族元素砷上,砷与锑有诸多相似的化学性质,并且土壤中有较高的含量，因此，砷对锑在土壤中吸附的影响就值得关注。大多数研究表明砷可以强烈抑制锑的吸附，即二者之间存在明显的竞争作用或抑制关系。例如 Kolbe 等观察到 Sb(V) 在针铁矿土壤上的吸附随着 As(V) 的加入被抑制，而 Sb(V) 的加入对 As(V) 的吸附没有产生任何影响。同样的结论也被 He 等报道，As(V) 的存在对 Sb(V) 在土壤中的吸附表现出强烈的抑制作用，因此促进了 Sb(V) 从土壤到水体的进一步迁移。但 Qi 和 Pichler 却发现在低 pH 条件下，As(Ⅲ) 对 Sb(V) 在含水铁矿的土壤中吸附没有显著影响，甚至存在轻微的协同效应。Canecka 等通过 X 射线吸收精细结构谱（EXAFS）研究含氧化铁的土壤中 Sb(V) 和 As(V) 的吸附，结果表明土壤对 Sb(V) 有比 As(V) 更高的亲和性，从而增强土壤对 Sb(V) 的吸附效应。根据大量研究，Wu 等总结出土壤对锑酸根、砷酸根的吸附分为专性吸附和静电吸附，前者是通过化学吸附、配位体交换或空间架桥形成内表层的复合物，而后者是通过静电作用将锑酸根、砷酸根阴离子吸附在带正电荷的无机胶体上，如黏土颗粒。综上所述，锑和砷在土壤环境中的吸附行为是相对比较复杂的，可能并不是单纯的竞争作用、协同作用或者抑制作用，而是多种因素共同作用的结果，还有就是两者在土壤中是否存在相互作用，并且这种相互作用能否对吸附产生影响都需要进一步研究确定。

4）有机污染物的影响

有机污染物［如农药、染料、多环芳烃（Polycyclic Aromatic Hydrocarbons，PAHs）、多氯联苯（Polychlorinated Biphenyls，PCBs）、环境激素（EnvironmentalEndocrine）、抗生素等］对土壤环境的危害以及所引发的一系列环境问题已成为备受关注的全球性环境问题之一，其中抗生素对土壤的污染问题尤其引起了较大关注。目前，中国是世界上最大的抗生素生产国和使用国，其中应用最广的抗生素主要包括以下 4 类：四环素类、大环内酯类、喹诺酮类和磺胺类。进入动物或人体的抗生素只有小部分能被吸收转化，10%～90%的抗生素会以母体化合物或代谢产物的形式被排到体外，从而进入土壤环境；另外，在使用动物粪便施肥过程中同样可以造成各类抗生素进入土壤环境。

研究表明，进入土壤环境的抗生素不易被微生物降解和矿化，不仅能导致土壤环境污染，而且极易与土壤中的金属离子发生作用形成复合污染。由于抗生素可改变土壤矿物表面的带电情况，一般对金属离子在土壤上的吸附会产生两种截然不同的结果：①金属离子与抗生素本身不发生反应，因此两者会在共同吸附过程中形成竞争，进而降低金属离子在土壤上的吸附能力。②抗生素本身含有的羟基、羧基、氨基等有机官能团首先与金属离子发生络合或者螯合等作用形成抗生素—重金属二元络合物，再与土壤形成土壤—抗生素—金属离子三元络合物，进而增加对金属离子的活性位点，增大金属离子在土壤上的吸附能力。Jia 等研究通过批实验报道四环素（Tetra cycline，TC）和 Cu^{2+} 在红壤和棕壤中吸附作用中发现：$Cu(II)$ 和 TC 的吸附强烈依赖于土壤特性和溶液 pH。在酸性条件下，TC 的存在增强了 $Cu(II)$ 在土壤上的吸附能力，是因为土壤表面对 $Cu(II)$ 和 TC 形成的正电荷络合物的亲和力大于 $Cu(II)$ 本身；而在碱性条件时，TC 的存在则抑制了 $Cu(II)$ 在土壤上的吸附，归因于土壤表面对 $Cu(II)$ 和 TC 水溶性络合物的亲和力较低。童非和顾学元研究发现土壤环境中的常见重金属元素（铅、铜、镉）与磺胺甲基嘧啶（Sulfamerazine）会以 1∶1 的比例发生不同程度的络合反应，从而改变磺胺甲基嘧啶的酸碱平衡常数 pKa 以及与金属离子之间的络合常数 K，进而影响重金属在土壤中的吸附行为。Tang 等研究了磺胺二甲基嘧啶（Sulfamethazine，SMT）的存在对 $Cd(II)$ 在针铁矿上的吸附影响。结果表明，随着 SMT 的加入，$Cd(II)$ 在针铁矿上的最大吸附量由 3.83 mg/g 增至 7.64 mg/g，这可能是由于被吸附的 $Cd(II)$ 首先通过内层络合与土壤矿物形成微溶晶体，然后再与针铁矿形成针铁矿—SMT—$Cd(II)$ 三元络合物，从而为 $Cd(II)$ 提供额外的吸附位点增大其吸附量。由于目前已发现金属锑在我国湖南、贵州等地区的农田环境与抗生素有共存污染情况，但是关于两者的相关文献报道却十分缺乏，因此非常有必要考察抗生素与锑的络合能力以及抗生素对土壤吸附锑的影响，为准确评估复合污染条件下抗生素与锑的环境效应提供依据。

3.2　锑在土壤中的吸附特性研究

3.2.1　研究目标及研究内容

3.2.1.1　研究目标

本书选择 $Sb(V)$ 为研究对象，研究了不同 pH 条件下 $Sb(V)$ 与东北黑土之间的吸附作用，通过改变 3 种环境因素，即分别添加 DOM、$As(V)$ 和 SMT 于吸附体系，探明当环境因素发生变化时 Sb(V)在黑土上的吸附特征变化。在此基础上，重点从分子水平分析 Sb(V)分别与 DOM、As(V)和 SMT 之间的相互作用，并给出 Sb(V)在土壤和水体之间的迁移规律，为今后研究 Sb(V)在土壤中的迁移机理、毒理研究、风险评价和污染修复等提供科学依据。

3.2.1.2　研究内容

（1）土壤基本物理化学属性　在黑龙江哈尔滨东北农业大学试验田（45°44′34″N，126°43′35″E）实地取样，样品自然风干、研磨、均质。综合分析土壤基本物理化学属性，包括 pH、阳离子交换量、总有机碳、土壤有机质、土壤元素分析、表面形貌、表面官能团等，为后续的吸附实验提供基础数据。

（2）DOM 与 Sb(V)在不同 pH 条件下的吸附特征　水溶法提取黑土 DOM，分别进行 Sb(V)在存在与不存在 DOM 的土壤中的吸附动力学和等温实验；通过 3D-EEM、FTIR 和 2D-COS 从分子水平分别验证不同 pH 条件下 DOM 中的各物质和各官能团对吸附施加影响的原因。

（3）As(V)与 Sb(V)在不同 pH 条件下的吸附特征　分体系（单溶质体系、双溶质体系和顺序体系）验证不同 pH 条件下 As(V)对 Sb(V)在黑土中吸附的影响。单溶质体系通过 FTIR 和 2D-COS 确定黑土中各官能团对 As(V)和 Sb(V)的结合顺序；双溶质体系通过吸附动力学和吸附等温探讨 As(V)和 Sb(V)竞争吸附现象的原因；顺序体系通过改变 As(V)和 Sb(V)的添加顺序进一步验证 As(V)的存在对 Sb(V)在黑土中吸附的影响。

（4）SMT 与 Sb(V)在不同 pH 条件下的吸附特征　分别进行不同 pH 条件下 Sb(V)在有无 SMT 的黑土上的吸附动力学和等温实验，以确定两者是否发生反应以及 Sb(V)在黑土上的吸附机理；然后根据 UV-Vis 光谱数据计算络合常数，通过 3D-EEM、FTIR 和 NMR 确定不同 pH 条件下的络合位点；最后运用 VASP 理论计算各位点与 Sb(V)的结合能。

技术路线如图 3-1 所示。

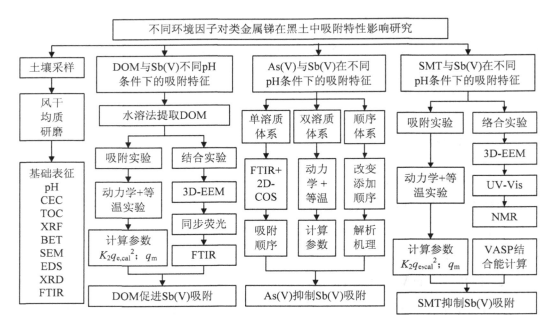

图 3-1 本研究技术路线

3.2.2 实验材料

3.2.2.1 实验仪器

本研究中所用到的主要仪器如表 3-1 所示。

表 3-1 实验用主要仪器与设备

仪器名称	型号	生产厂家
pH 计	PHS-3C	上海雷磁仪器厂
恒温磁力搅拌器	HJ-3	常州国华电器有限公司
电子分析天平	AL204	梅特勒-托利多仪器有限公司
激光粒度仪	LS-900	珠海欧美克仪器有限公司
有机碳分析仪	Vario TOC	德国艾力蒙塔公司
X 射线荧光光谱仪	XRF-1800	日本岛津公司
X 射线衍射仪	D8 ADVANCE	美国布鲁克公司
高效液相色谱仪	LC-20AT	日本岛津公司
高速离心机	H-1650	湖南湘仪仪器开发有限公司
真空冷冻干燥机	FD-1A-50	上海比郎仪器制造有限公司

恒温摇床	ZHWY-2102C	上海智诚分析仪器制造有限公司
电热恒温鼓风干燥箱	WGL-65B	上海跃进医疗器械厂
比表面积分析仪	ASAP-2020	美国麦克默瑞提克公司
超声波清洗器	KQ-500DB	昆山舒美超声仪器有限公司
控温磁力搅拌器	K85-2	江苏丹阳科教仪器厂
场发射扫描电子显微镜	SEM-500	德国蔡司公司
三维荧光光谱仪	F-7000	日本日立公司
傅里叶变换红外光谱仪	FTIR-650	天津港东科技股份有限公司
紫外可见分光光度计	SP-1915UV	上海光谱仪器有限公司
核磁共振波谱仪	AVANCE III HD 400	美国布鲁克公司
电感耦合等离子体发射光谱仪	ICPE-9800	日本岛津公司

注：本研究还使用了三角瓶、锥形瓶、容量瓶、玻璃棒、培养皿等玻璃制品。

3.2.2.2　化学试剂

本实验所有溶液都采用去离子水配制。所有玻璃器皿在 5% 的 HNO_3 溶液中浸泡 24 h 后，先用自来水冲洗，再用去离子水润洗 3 遍。最后于 60℃ 烘箱中烘干，备用。

本研究所用到的主要化学试剂如表 3-2 所示。

表 3-2　主要化学试剂

试剂名称	化学式	技术级别
六羟基锑酸钾	$KSb(OH)_6$	分析纯
七水合砷酸二钠	$Na_2HAsO_4 \cdot 7H_2O$	分析纯
磺胺二甲基嘧啶	$C_{12}H_{14}N_4O_2S$	分析纯
锑标准溶液（单标）	Sb	优级纯
砷标准溶液（单标）	As	优级纯
氯化钙	$CaCl_2$	分析纯
氯化钡	$BaCl_2$	分析纯
氯化氢	HCl	分析纯
氢氧化钠	NaOH	分析纯
硝酸	HNO_3	分析纯
硫酸	H_2SO_4	分析纯
重铬酸钾	$K_2Cr_2O_7$	分析纯
七水合硫酸亚铁	$FeSO_4 \cdot 7H_2O$	分析纯
苯基邻氨基苯甲酸	$C_{13}H_{11}NO_2$	分析纯
邻菲啰啉	$C_{12}H_8N_2$	分析纯

硫酸汞	$HgSO_4$	分析纯
葡萄糖	$C_6H_{12}O_6$	分析纯
氘代甲醇	CH_3DO	分析纯
重水	D_2O	分析纯
去离子水	H_2O	$10\sim13M\Omega$

3.2.2.3 供试土壤

本研究所使用的黑土采样于中国哈尔滨的东北农业大学试验田（$45°44'34''N$，$126°43'35''E$），土壤样品采集深度为 $0\sim20$ cm，并且均匀混合各深度土壤。收集的土壤放置于阴凉处室温自然干燥，均质，手动研磨，然后通过 0.2 mm 的筛网，留存备用。

土壤 pH 采用国家标准检测方法（NY/T 1377—2007）测定；土壤阳离子交换量（CEC）采用 $BaCl_2$-H_2SO_4 强迫交换法测定；土壤总有机碳（TOC）测定采用重铬酸钾氧化—分光光度法（HJ 615—2011）测定；土壤有机质（SOM）采用重铬酸钾容量法（GB 7857—87）测定；土壤中无机元素组成采用 X 射线荧光光谱仪测定；土壤中 SMT 采用高效液相色谱法测定。土壤理化性质如表 3-3 所示。

表 3-3　供试土壤理化性质

土壤	黑土	
pH	6.87	
CEC/（cmol/kg）	27.80	
TOC/（g/kg）	28.54	
SOM/（g/kg）	49.31	
元素/%	Si	57.02
	Al	14.23
	Fe	6.52
	K	2.65
	Na	2.27
元素/%	Ca	1.43
	Mg	1.06
	As	0
	Sb	0
	其他元素	10.36
SMT/（mg/kg）	0	

3.2.3　DOM 和 Sb(Ⅴ)吸附实验

3.2.3.1　提取 DOM

将 20 g 黑土加入 200 mL 的 0.01 mol/L CaCl$_2$ 溶液中，25℃、150 r/min 的黑暗条件下振荡 24 h 后静置 2 h；随后在 8 000 r/min 的转速条件下离心 10 min 后通过 0.45 μm 的聚四氟乙烯（PTFE）滤膜以获得 DOM，然后用 TOC/TN 分析仪测量 DOM 溶液的浓度，最后放 4℃条件下留存待用。

3.2.3.2　Sb(Ⅴ)在有无 DOM 的黑土中的吸附实验

1）吸附动力学实验

土壤对 Sb(Ⅴ)的吸附总量由土壤颗粒的吸附量与土壤 DOM 的吸附量两部分组成。因此将吸附实验分为两组：A 已提取 DOM 的土壤，B 未提取 DOM 的土壤（土壤 + DOM）。分别取 0.2 g 的 A 和 B 两种土壤放置于 50 mL 的锥形瓶中，加入 30 mL 的 20 mg/L 的 Sb(Ⅴ)溶液混匀。Sb(Ⅴ)溶液预先与 0.01 mol/L CaCl$_2$ 溶液混合。用 0.1 mol/L 的 HCl 和 NaOH 溶液调节初始 pH 至 7.0，然后将锥形瓶置于 25℃摇床以 150 r/min 的转速振荡 720 min，分别在 720 min 内的不同时间点进行取样 1 mL，随后将 1 mL 样品用去离子水稀释到 5 mL，放置于 5 000 r/min 的离心机上离心 10 min 后通过 0.45 μm PTFE 滤膜收集上清液，用电感耦合等离子体发射光谱仪测定 Sb(Ⅴ)的浓度。所有吸附实验进行 3 次，记录平均值。采用式（3-1）和式（3-2）计算 A 和 B 两种吸附剂对 Sb(Ⅴ)吸附量 q_t（mg/g）和吸附效率 w。

$$q_t = \frac{C_0 - C}{m} \times V \tag{3-1}$$

$$w = \frac{C_0 - C}{C_0} \times 100\% \tag{3-2}$$

式中，q_t——t 时刻的吸附量，mg/g；

　　　C_0——Sb(Ⅴ)的初始浓度，mg/L；

　　　C——吸附后溶液中残留的 Sb(Ⅴ)浓度，mg/L；

　　　m——吸附剂的质量，g；

V——溶液体积，L；

w——吸附效率。

另外，采用一级动力学模型［式（3-3）］、二级动力学模型［式（3-4）］和 Weber-Morris 颗粒内扩散模型［式（3-5）］计算相关动力学参数。

$$\ln(q_{e,exp} - q_t) = \ln(q_{e,cal}) - K_{1t} \tag{3-3}$$

$$\frac{t}{q_t} = \frac{1}{K_2 q_{e,cal}^2} + \frac{1}{q_{e,cal}} t \tag{3-4}$$

$$q_t = K_{id} t^{\frac{1}{2}} + I \tag{3-5}$$

式中，$q_{e,exp}$——平衡时刻 Sb(V)在土壤上吸附量的实验测量值，mg/g；

q_t——t 时刻 Sb(V)在土壤上的吸附量，mg/g；

$q_{e,cal}$——平衡时刻 Sb(V)在土壤上吸附量的计算值，mg/g；

K_1——拟一阶吸附速率常数，（1/min）；

K_2——拟二阶吸附速率常数，g/（mg·min）；

K_{id}——颗粒内扩散模型扩散速率常数，mg/（g/min$^{\frac{1}{2}}$）；

I——截距，mg/g。

2）吸附等温实验

吸附等温实验同样分为 A 和 B 两组。分别取 0.2 g 的 A 和 B 两种土壤放到 50 mL 的锥形瓶中，加入 30 mL 浓度为 0～50 mg/L 的 Sb(V)溶液混匀。当土壤吸附达到吸附平衡时间 720 min 后，取样 1 mL 并用去离子水稀释到 5 mL，放置于 5 000 r/min 的离心机上离心 10 min 后通过 0.45 μm PTFE 滤膜收集上清液，用电感耦合等离子体发射光谱仪测定 Sb(V)的浓度。最后运用 Langmuir 模型［式（3-6）］和 Freundlich 模型［式（3-7）］计算吸附等温参数。

$$q_e = \frac{q_m K_L C_e}{1 + K_L C_e} \tag{3-6}$$

$$q_e = K_F C_e^{\frac{1}{n}} \tag{3-7}$$

式中，q_m——土壤对 Sb(V)的最大吸附量，mg/g；

K_L——Langmuir 模型常数，L/mg；

C_e——吸附平衡后溶液中残留的 Sb(V)浓度，mg/L；

q_e——土壤对 Sb(Ⅴ)的吸附量，mg/g；

K_F——Freundlich 模型常数，$mg/[L^{\left(1-\frac{1}{n}\right)}\cdot g]$；代表吸附剂的吸附能力；

n——Freundlich 模型常数，表示异质性因子。

3.2.3.3　Sb(Ⅴ)和 DOM 的荧光实验

1）荧光分析前处理

首先将 DOM 和 Sb(Ⅴ)溶液的 pH 调节为 4.0、7.0 和 10.0，再将 10 mL 不同 pH 的 DOM 放入 50 mL 离心管中，随后加入相同 pH，不同浓度、不同体积的 Sb(Ⅴ)储备溶液，使 DOM 的最终浓度固定在 20 mg/L，Sb(Ⅴ)的浓度为 0～50 mg/L，然后用相同 pH 的去离子水补齐所有离心管使其体积相等，最后，将所有离心管放置在 150 r/min 和 25℃ 的条件下振摇 12 h 以达到平衡。

2）三维荧光分析操作

将反应后的溶液倒入石英比色皿，在荧光分光光度计上进行测定。将激发波长设置为 200～450 nm，增量为 5 nm；发射波长设置为 250～600 nm，增量为 1 nm。光谱在测量时将发射狭缝宽度设置为 5 nm，且以 $v=1\,200$ nm/min 的速率进行光谱扫描。

3）同步荧光分析操作

首先将发射狭缝宽度调节至 5 nm，随后设定激发和发射波长为 250～550 nm。在波长差值 $\Delta\lambda=60$ nm 和 $v=1\,200$ nm/min 的条件下依次扫描不同浓度污染物得到同步荧光光谱。

4）荧光淬灭模型计算

将以上操作所得的荧光数据通过 Stern-Volmer 模型［式（3-8）］、改进后的 Stern-Volmer 模型［式（3-9）］以及静态荧光衰减曲线［式（3-10）］分析荧光淬灭机理和结合位点数量。

$$F_0/F = 1 + K_{sv}[Sb(Ⅴ)] = 1 + K_q\tau_0[Sb(Ⅴ)] \tag{3-8}$$

$$\frac{1}{F_0-F} = \frac{1}{F_0} + \frac{1}{F_0K_A[Sb(Ⅴ)]} \tag{3-9}$$

$$\log\frac{F_0-F}{F_0} = \log K_b + n\log[Sb(Ⅴ)] \tag{3-10}$$

式中，F_0——添加淬灭剂时的荧光强度；

F——不添加淬灭剂时的荧光强度；

K_{sv}——Stern-Volmer 淬灭速率常数；

K_q——生物大分子的淬灭速率常数；

τ_0——在没有淬灭剂的情况下分子的平均寿命（8～10 s）；

K_A——Sb(V)和 DOM 的形成常数；

K_b——结合常数；

n——结合位点的数量。

3.2.3.4 Sb(V)和 DOM 的红外实验

傅里叶红外光谱分析：首先将 DOM 和 Sb(V)溶液的 pH 调节为 4.0、7.0 和 10.0，取 10 mL 不同 pH 的 DOM 放入 50 mL 离心管中，随后加入相同 pH 不同体积的 Sb(V)储备溶液，使 DOM 的最终浓度固定在 20 mg/L，Sb(V)的浓度为 0～50 mg/L。将所有离心管放置在 150 r/min 和 25℃的条件下振摇 12 h 以达到平衡。将反应后的溶液倒入玻璃培养皿，放在低温冰箱中急速冷冻，然后快速转移到真空冷冻干燥机中，在 –60℃环境下干燥 12 h 后收集干燥固体。最后，将干燥的混合固体和 KBr 压片，在分辨率为 4 cm^{-1} 的条件下连续扫描 64 次获得 400～4 000 cm^{-1} 的红外光谱。

3.2.3.5 二维相关光谱（2D-COS）分析

为了得出 DOM 中荧光物质和官能团与 Sb(V)在不同 pH 条件下的结合顺序，利用 2D-COS 分析技术进行处理。其图谱分为同步图谱和异步图谱，可分别根据以下公式计算得出。

$y(x, t)$的 2D-COS 分析光谱变化是 m 个均匀间隔点处的光谱变量（x 代表 v）和外部变量［t，Sb(V)浓度］的函数，动态光谱定义如下：

$$y_j(x) = y(x, t_j) \tag{3-11}$$

一组动态光谱 $\tilde{y}(x,t)$ 定义如下：

$$\tilde{y}_j(x) = \begin{cases} y_j(x) - y(x) & 1 \leqslant j \leqslant m \\ 0 & 其他 \end{cases} \tag{3-12}$$

其中，$\bar{y}(x) = \dfrac{1}{m}\sum\limits_{j=1}^{m} y_j(x)$ 表示参考光谱，通常是 m 个可变平均光谱。通过基于离散

Hilbert-Noda 变换的计算方法创建了一对相关强度图。同步（Φ）和异步（Ψ）相关频谱：

$$\tilde{z}_j(x) = \sum_{k=1}^{m} N_{jk}\tilde{y}_k(x) \tag{3-13}$$

$$N_{jk} = \begin{cases} 0 & j = k \\ 1/\pi(k-j) & \text{其他} \end{cases} \tag{3-14}$$

$$\Phi(x_1, x_2) = \frac{1}{m-1}\sum_{j=1}^{m} \tilde{y}_j(x_1)\tilde{y}_j(x_2) \tag{3-15}$$

$$\Psi(x_1, x_2) = \frac{1}{m-1}\sum_{j=1}^{m} \tilde{y}_j(x_1)\tilde{z}_j(x_2) \tag{3-16}$$

3.2.4　As(Ⅴ)和 Sb(Ⅴ)吸附实验

3.2.4.1　单溶质系统吸附实验

单溶质系统吸附指的是 As(Ⅴ)或 Sb(Ⅴ)单独在黑土中的吸附。

1）吸附动力学实验

在 50 mL 锥形瓶中将 20 mL 的 0.2 mmol/L As(Ⅴ)或 Sb(Ⅴ)溶液与 0.100 0 g 黑土混合；然后用 0.5 mol/L NaOH 或 HCl 溶液将混合物的 pH 调节至 4.0、7.0 和 10.0。将所有锥形瓶置于 180 r/min 和 25℃条件下的恒温摇床中。用 1 mL 注射器在 0～48 h 的不同时间间隔取样，随后将 1 mL 样品稀释至 5 mL，在 5 000 r/min 条件下离心 10 min，然后通过 0.45 μm PTFE 滤膜，收集的滤液通过电感耦合等离子体发射光谱仪分析 As(Ⅴ)或 Sb(Ⅴ)浓度。

2）吸附等温实验

除了 As(Ⅴ)或 Sb(Ⅴ)的初始浓度为 0～0.6 mmol/L，采样时间为 48 h 外，其他实验步骤与吸附动力学实验相同。采样完成后，将锥形瓶中的残留物倒出，并通过定量滤纸（孔径 15～20 μm，ϕ = 12.5 cm）过滤收集土壤—As(Ⅴ)络合物和土壤—Sb(Ⅴ)络合物，然后将其置于真空冷冻干燥机中于 −60℃干燥 12 h。12 h 后，将复合物与 KBr 压片用于

FTIR 分析，在 4 cm^{-1} 分辨率的条件下连续扫描 64 次获得 400～4 000 cm^{-1} 范围内的红外光谱。最后进行 2D-COS 计算分析。

3.2.4.2　双溶质系统吸附

双溶质系统吸附指的是 As(V) 和 Sb(V) 共同在黑土中的吸附。

1）吸附动力学实验

混合 10 mL 的 0.4 mmol/L As(V) 溶液和 10 mL 的 0.4 mmol/L Sb(V) 溶液，最终 As(V) 和 Sb(V) 的浓度为 0.2 mmol/L。将混合溶液的 pH 调节至 4.0、7.0 和 10.0，然后在 50 mL 锥形瓶中与 0.100 0 g 黑土混合。其余实验操作与单溶质系统吸附实验相同。此外，在 pH 为 7.0 的条件下，48 h 后将锥形瓶中的所有物质倒出，并通过定量滤纸过滤以收集土壤—As(V)—Sb(V) 复合物的固体颗粒，然后自然干燥后，通过场发射扫描电子显微镜和能量色散谱系统进行测量。

2）吸附等温实验

将 10 mL 的 0～1.2 mmol/L As(V) 溶液与 10 mL 的 0～1.2 mmol/L Sb(V) 溶液混合，最终 As(V) 和 Sb(V) 的浓度变成 0～0.6 mmol/L。其他实验步骤与单溶质系统吸附等温实验相同。

3.2.4.3　顺序系统吸附

根据顺序吸附概念可以将实验分为两个系统，即"先 As(V) 后 Sb(V) 体系"和"先 Sb(V) 后 As(V) 体系"。

1）先 As(V) 后 Sb(V) 体系

首先取 0.1 g 黑土和 20 mL 的 0.2 mmol/L 的 As(V) 溶液混合，振荡 48 h 达到吸附平衡后取 0.2 mL 样品测量 As(V) 浓度，随后加入 0.2 mL 的 20 mmol/L 的 Sb(V) 溶液混合；继续振荡 12 h，在不同时间间隔定时取样。

2）先 Sb(V) 后 As(V) 体系

同样首先取 0.1 g 黑土和 20 mL 的 0.2 mmol/L 的 Sb(V) 溶液混合，振荡 48 h 达到吸附平衡后取 0.2 mL 样品测量 Sb(V) 浓度，随后加入 0.2 mL 的 20 mmol/L 的 As(V) 溶液混合；继续振荡 12 h，在不同时间间隔定时取样。

3.2.5　SMT 和 Sb(Ⅴ)吸附实验

3.2.5.1　Sb(Ⅴ)在有无 SMT 的黑土中的吸附实验

1）吸附动力学实验

设计两个吸附体系，包括系统Ⅰ（不添加 SMT）和系统Ⅱ（添加 SMT）。将 0.5 g 土壤放入 50 mL 锥形瓶中，并与 20 mL 的 20 mg/L Sb(Ⅴ)溶液（pH 为 3.0、5.0 和 7.0）混合，然后将混合物放入 150 r/min 和 25℃的恒温摇床中。用 1 mL 注射器在 0～720 min 的不同时间间隔取样，随后将 1 mL 样品稀释至 5 mL。然后将 5 mL 样品在 5 000 r/min 条件下离心 10 min，通过 0.45 μm PTFE 滤膜以收集滤液。最后，通过电感耦合等离子体发射光谱仪测定 Sb(Ⅴ)的浓度。系统Ⅱ的吸附动力学实验除添加 SMT 并且固定 SMT 浓度为 2 mg/L 以外，其余实验操作完全与系统Ⅰ一致。

2）吸附等温实验

将 0.5 g 土壤放入 50 mL 锥形瓶中，并与 20 mL 的 0～50 mg/L Sb(Ⅴ)溶液（pH 为 3.0、5.0 和 7.0）混合，然后将混合物放入 150 r/min 和 25℃的恒温摇床中。用 1 mL 注射器在平衡时间 720 min 时刻取样，随后将 1 mL 样品稀释至 5 mL，在 5 000 r/min 条件下离心 10 min，通过 0.45 μm PTFE 滤膜，收集滤液。最后，通过电感耦合等离子体发射光谱仪测定 Sb(Ⅴ)的浓度。同样，系统Ⅱ的吸附等温实验除添加 SMT 并且固定 SMT 浓度为 2 mg/L 以外，其余实验操作完全与系统Ⅰ一致。

3.2.5.2　SMT-Sb(Ⅴ)复合物表征

1）三维荧光

用 0.1 mol/L 的 HCl 或 NaOH 将 SMT 和 Sb(Ⅴ)溶液的 pH 分别调节至 3.0、5.0 和 7.0，然后混合相同 pH 不同体积的 SMT 和 Sb(Ⅴ)溶液，使 SMT 的最终浓度固定在 5 mg/L，Sb(Ⅴ)的浓度为 10 mg/L。将所有混合液放置在 150 r/min 和 25℃的条件下振摇 12 h 以达到平衡。将反应后的溶液倒入石英比色皿中，使用荧光光谱仪收集混合物的荧光光谱。激发波长和发射波长均设置为 200～600 nm，且增量分别为 10 nm 和 5 nm。光谱在测量时将发射狭缝宽度设置为 5 nm，且以 1 200 nm/min 的速率进行光谱扫描。

2）紫外光谱

首先用 0.1 mol/L 的 NaOH 或 HCl 溶液将 SMT 和 Sb(V)溶液的 pH 分别调节至 3.0、5.0 和 7.0。其次，混合相同 pH 不同体积的预定 Sb(V)溶液和 SMT 溶液，以确保最终混合溶液中 Sb(V)的浓度为 10～200 mg/L 且 SMT 的浓度恒定在 10 mg/L。然后，将所有混合溶液放在 150 r/min 和 25℃的摇床中振摇 12 h，以确保在进行 UV-Vis 分析之前达到平衡。最后，分别取不同 pH 条件下不同浓度的 5 mL 样品进行紫外光谱分析，其波长为 200～350 nm，波长分辨率 Δλ = 0.5 nm。根据紫外光谱数据以及式（3-17）计算不同 pH 条件下 SMT 和 Sb(V)之间的络合常数。

$$A = C \cdot \frac{\varepsilon(K[M])}{1 + K[M]} \tag{3-17}$$

式中，A——络合体系中 SMT 吸光度与络合物吸光度之和；

C——体系中 SMT 浓度，20 mg/L；

ε——单位浓度络合物的吸光度；

K——络合物的稳定常数；

$[M]$——Sb(V)浓度，10～200 mg/L。

Sb(V)在研究范围内吸光值较低，忽略不计。

3）红外光谱

首先，将 10 mL 的 10 mg/L Sb(V)溶液与 10 mL 的 5 mg/L SMT 溶液混合。其次，将混合物的 pH 调节至 3.0、5.0 和 7.0，并在 150 r/min 和 25℃的条件下振摇 12 h 以确保平衡。然后，将混合物取出放在玻璃培养皿中，在 −60℃环境下真空冷冻干燥 12 h 以收集混合固体粉末样品。最后，将干燥的混合固体和 KBr 压片，在 4 cm^{-1} 分辨率的条件下连续扫描 64 次获得 400～4 000 cm^{-1} 范围内的红外光谱。

4）核磁共振

首先，分别用重水和氘代甲醇配制一定浓度的 Sb(V)和 SMT 溶液，再按一定比例继续配制 Sb(V)-SMT 混合溶液，然后将 Sb(V)-SMT 混合溶液以及 SMT 溶液转移至核磁管上机测样。最后，分析 1H 在超导核磁共振波谱仪上弛豫时间 T1 的变化。

3.2.5.3 VASP 计算

各官能团与 Sb(V)之间的结合能计算是在密度泛函理论的框架内，使用 VASP 理论在投影机增强的平面波方法中进行的。在计算过程中，选择通用梯度近似作为交换相关电位，SMT 的表面电荷被认为是 0；运用 DFT-D3 方法描述了远距离范德华相互作用。平面波的截止能量设置为 400 eV，以及在 Kohn-Sham 方程的迭代解中，能量标准设置为 10^{-5} eV。计算过程中的布里渊区积分是在 Gamma 点执行的。计算过程中保持所有结构都处于松弛状态，直到原子上的残余力降至小于 0.03 eV/Å。

3.2.6　DOM 对 Sb(Ⅴ)在黑土中吸附的影响

3.2.6.1　吸附动力学

为表明 Sb(Ⅴ)在黑土中的动态迁移特征和吸附时间影响，采用吸附动力学实验。如图 3-2（a）所示，将吸附实验分为两组：A 土壤，B 土壤 + DOM。结果表明，大部分吸附发生在前 210 min 内，该时刻对应土壤 + DOM 和土壤的吸附量（q_t）分别为 5.23 mg/g 和 4.03 mg/g。初始阶段的快速吸附可以归因于吸附剂表面存在丰富的活性位点，这导致 Sb(Ⅴ)能快速从液体层转移至土壤 + DOM 和土壤的表面；在 210 min 后，吸附逐渐达到平衡，土壤 + DOM 和土壤对 Sb(Ⅴ)的平衡吸附量（q_e）分别为 5.54 mg/g 和 4.15 mg/g。基于图 3-2（a），计算了吸附效率，结果如图 3-2（b）所示，平衡状态下土壤 + DOM 和土壤对 Sb(Ⅴ)的吸附效率分别为 80.6% 和 69.1%。根据 q_e 值和吸附效率，表明 Sb(Ⅴ)不仅被土壤颗粒吸附，同时还能与 DOM 发生相互作用进而增加吸附量和吸附效率。

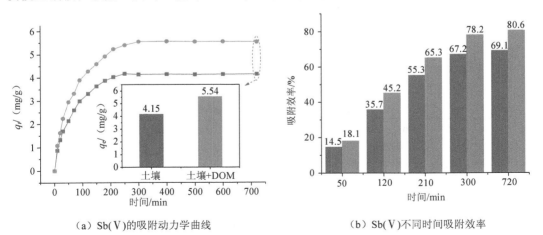

（a）Sb(Ⅴ)的吸附动力学曲线　　　　　（b）Sb(Ⅴ)不同时间吸附效率

图 3-2　Sb(Ⅴ)在土壤（蓝色表示）和土壤 + DOM（橙色表示）上的

吸附动力学和吸附效率

为更深入地了解吸附过程的扩散机制，采用拟一阶动力学模型［图 3-3（a）］和拟二阶动力学模型［图 3-3（b）］来拟合图 3-2（a）中的动力学过程，拟合动力学参数见表 3-4。根据表中数据，拟二阶动力学模型的相关系数 R^2 均高于拟一阶动力学模型，表明拟二阶动力学模型具有更好的拟合度，同时也说明 Sb(V)在土壤 + DOM 和土壤上的吸附过程属于化学吸附过程，涉及通过吸附剂和吸附质之间电子共享或交换的化合价作用。图 3-3（b）显示了拟二阶动力学模型的模拟图，其中计算得出土壤 + DOM 的 $k_2 q_{e,cal}^2$ 值比［0.106 6 mg/（g·min）］土壤高［0.125 4 mg/（g·min）］。图 3-3（c）展示了 Weber-Morris 颗粒内扩散模型，其中所有曲线都有两个不同的阶段。由于第一个线性部分均未通过原点，表明 Sb(V)在土壤 + DOM 和土壤上的吸附是通过边界层和颗粒内扩散进行的。如图 3-3（c）所示，Sb(V)在土壤 + DOM 的 K_{id1} 和 K_{id2} 值分别为 0.376 3 mg/（g·min$^{1/2}$）和 0.034 2 mg/（g·min$^{1/2}$），均高于 Sb(V)在土壤 K_{id1} 和 K_{id2} 值。这些结果表明，当土壤 + DOM 作为吸附剂时，Sb(V)通过边界层和内部颗粒通道的扩散速率明显快于土壤。此外，通过 SEM 和 EDS 测定，图 3-4 直观显示了平衡状态下 Sb(V)在土壤 + DOM 上的含量变化情况，根据图 3-2（d）表明 Sb(V)的含量百分比从吸附前的 0 增加到吸附后的 0.86%。

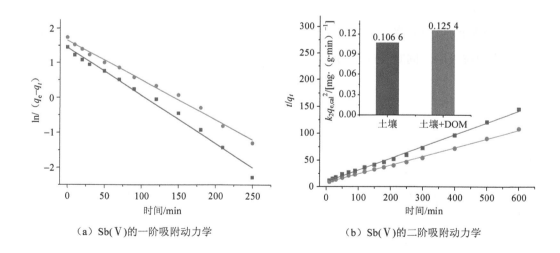

（a）Sb(V)的一阶吸附动力学　　　　　　（b）Sb(V)的二阶吸附动力学

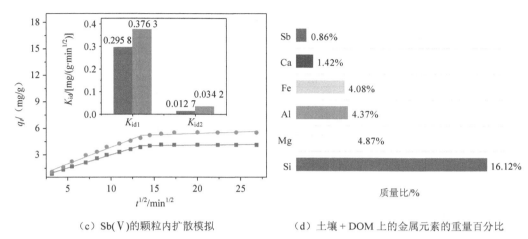

（c）Sb(Ⅴ)的颗粒内扩散模拟　　　　　（d）土壤 + DOM 上的金属元素的重量百分比

图 3-3　Sb(Ⅴ)在土壤（蓝色表示）和土壤 + DOM（橙色表示）上的吸附动力学模型

（a）土壤 + DOM 的 SEM 图　　　　　　（b）Si 的 EDS 图

（c）Fe 的 EDS 图　　　　　　（d）Sb 的 EDS 图

图 3-4　土壤 + DOM 吸附 Sb(Ⅴ)后的 SEM 和 EDS 图

表 3-4 Sb(V)在土壤+ DOM 和土壤上的动力学模型参数

模型	参数	土壤	土壤 + DOM
拟一级动力学模型	$q_{e, exp}$/（mg/g）	4.648	5.957
	$q_{e, cal}$/（mg/g）	4.244	5.209 1
	k_1/min^{-1}	0.013 8	0.011 4
	R^2	0.988 1	0.992 9
拟二级动力学模型	$q_{e, exp}$/（mg/g）	4.648	5.957
	$q_{e, cal}$/（mg/g）	4.556	6.154
	k_2/[g/（mg·min）]	$5.135\ 3 \times 10^{-3}$	$3.309\ 9 \times 10^{-3}$
	R^2	0.996 4	0.997 5
Weber-Morris 颗粒内扩散模型	K_{id1}/[mg/（g·min$^{1/2}$）]	0.295 8	0.376 3
	I_1/（mg/g）	0.042 6	0.091 4
	K_{id2}/[mg/（g·min$^{1/2}$）]	0.012 7	0.034 2
	I_2/（mg/g）	3.853 4	4.746 9

3.2.6.2 吸附等温

为了比较土壤 + DOM 与土壤对 Sb(V)的吸附量，采用 Langmuir 模型和 Freundlich 模型绘制吸附等温曲线进行解释（图 3-5）。表 3-5 为 Sb(V)在黑土中的吸附等温拟合参数。从表中可以看出，Langmuir 模型的 R^2（$R^2 = 0.990\ 6$ 和 0.996 7）均高于 Freundlich 模型（$R^2 = 0.975\ 9$ 和 0.963 7）。土壤 + DOM 对 Sb(V)的最大吸附量（q_m）为 57.33 mg/g，也高于土壤对 Sb(V)的 q_m 值（19.01 mg/g）。另外，K_F 是一个与实际吸附能力有关的常数，发现 K_F 的顺序与 q_m 一致，即 $K_{F(土壤+ DOM)} = 1.299\ 1$ mg/(L$^{(1-1/n)}$·g)$> K_{F(土壤)} = 0.863\ 9$ mg/(L$^{(1-1/n)}$·g)。n 的所有值均大于 1，表明吸附过程的有利性。根据 q_m 和 K_F 的值可以得出结论，土壤 + DOM 对 Sb(V)的吸附能力明显增强。

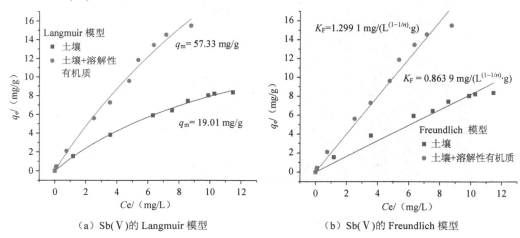

（a）Sb(V)的 Langmuir 模型　　　　（b）Sb(V)的 Freundlich 模型

图 3-5 Sb(V)在土壤和土壤 + DOM 上吸附等温模型

表 3-5　Sb(V)在土壤+ DOM 和土壤上的等温模型参数

模型	参数	土壤 + DOM	土壤
Langmuir 模型	$q_m/$（mg/g）	57.330 0	19.010 0
	$K_L/$（L/mg）	0.045 6	0.071 7
	R^2	0.990 6	0.996 7
Freundlich 模型	$K_F/[mg/(L^{(1-1/n)} \cdot g)]$	1.299 1	0.863 9
	n	1.654 1	1.092 8
	R^2	0.975 9	0.963 7

3.2.6.3　DOM-Sb(V)荧光光谱分析

应用三维荧光光谱来表征 DOM 在不同 Sb(V)浓度下化学组分结构变化。图 3-6（a）显示了当 pH 为 7.0 时，不添加 Sb(V)的情况下 DOM 的 3D-EEM 的荧光光谱，可以从图中明显分辨出两个荧光峰 A 和 B。峰 A 和峰 B 的峰值分别为 235/340 nm 和 320/440 nm，被认为是蛋白类物质和腐殖酸类物质。DOM 的苯环结构具有荧光特性，当 DOM 与污染物结合时，破坏了苯环结构从而导致荧光强度降低。所以，当 DOM 与不同浓度的 Sb(V)混合反应后，DOM 发生荧光淬灭，并且 Sb(V)的初始浓度越高，发生的荧光淬灭越强 [图 3-6（b）～（f）]。同步荧光光谱（图 3-7）也显示了类似的现象，即荧光淬灭随 Sb(V)的初始浓度增高而增强。图 3-7（b）表明，当 pH 为 7.0 时，同步荧光光谱同样出现了峰 A（282 nm）和峰 B（358 nm），分别表示为蛋白类物质和腐殖酸类物质。当 Sb(V)的初始浓度从 0 增加到 50 mg/L 时，峰 A 和峰 B 的荧光强度分别从 498.5 a.u. 降低到 206.2 a.u.以及从 832.8 a.u.降低到 316.4 a.u.。除了研究 pH 为 7.0 时的情况，也研究了 pH 为 4.0 [图 3-7（a）] 和 pH 值为 10.0 [图 3-7（c）] 时的同步荧光光谱。但是在 pH 为 4.0 和 10.0 条件下，仅观察到腐殖酸类物质荧光峰的出现，原因是蛋白类物质在酸性或碱性条件下极易变性和失活。同样地，当 pH 为 4.0 和 10.0 时，DOM 与 Sb(V)溶液混合后，腐殖酸类物质的峰强度依然随着 Sb(V)浓度的增加而逐渐降低。综上所述，三维荧光光谱和同步荧光光谱均证明 Sb(V)与 DOM 中的蛋白类物质和腐殖酸类物质之间发生相互作用，进而导致 DOM 的荧光淬灭。

为了测定蛋白类物质和腐殖酸类物质对 Sb(V)的结合力大小，采用 2D-COS 的方法对同步荧光数据进行解析。同步荧光数据经 2D-shige 软件转换处理后，生成同步荧光光谱图和异步荧光光谱图。从同步图 [图 3-8（a）] 可以看出，在同步图的对角线上存在两个明显的主峰，分别在282 nm（峰A）处和358 nm（峰B）处，且都为正峰。此外，358 nm处峰的强度明显高于282 nm处峰的强度，表明与蛋白类物质相比，腐殖酸类物质的荧光特性更敏感，更容易受到Sb(V)的影响。根据峰A和峰B的颜色强弱［图3-8（a）］，可以判断出两个峰的光谱变化与Sb(V)浓度变化是沿相同方向进行的。在异步2D-COS图［图3-8（b）］中，在对角线上方仅观察到一个以282 nm、358 nm波长为中心的正区域。根据Noda规则，可以得出不同物质变化顺序为282 nm＜358 nm，即土壤DOM中腐殖酸类物质比蛋白类物质优先于Sb(V)发生结合。

为研究DOM荧光淬灭机制，进行Stern-Volmer模型线性计算。通常认为淬灭剂对大分子的最大散射碰撞淬灭常数为2.0×10^{10} L/（mol·s）。如图3-8（a）所示，计算得出的峰A和峰B的淬灭速率常数K_q分别为3.26×10^{11} L/（mol·s）和3.92×10^{11} L/（mol·s），

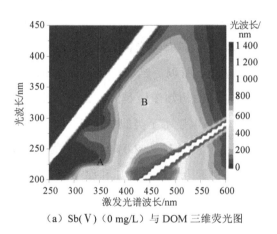

（a）Sb(V)（0 mg/L）与DOM三维荧光图

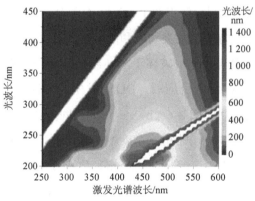

（b）Sb(V)（1 mg/L）与DOM三维荧光图

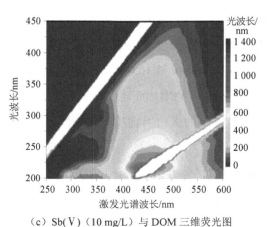

（c）Sb(V)（10 mg/L）与DOM三维荧光图

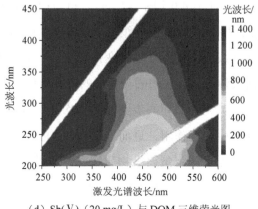

（d）Sb(V)（20 mg/L）与DOM三维荧光图

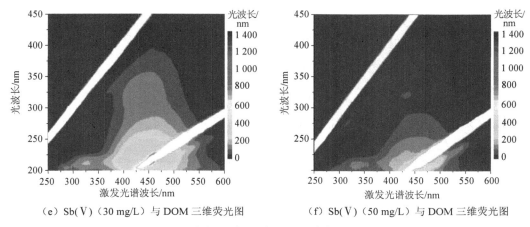

（e）Sb(V)（30 mg/L）与 DOM 三维荧光图　　　　（f）Sb(V)（50 mg/L）与 DOM 三维荧光图

图 3-6　不同浓度的 Sb(V) 与 DOM 结合的三维荧光光谱

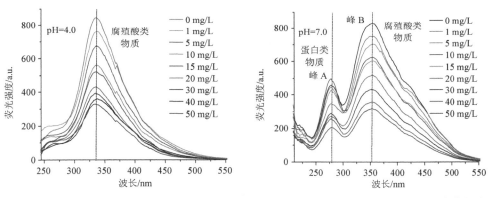

（a）pH = 4.0，Sb(V)与 DOM 结合的同步荧光图　　　（b）pH = 7.0，Sb(V)与 DOM 结合的同步荧光图

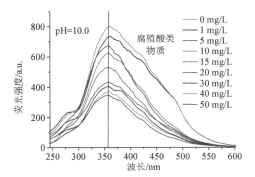

（c）pH = 10.0，Sb(V)与 DOM 结合的同步荧光图

图 3-7　不同 pH 条件下，不同浓度的 Sb(V) 与 DOM 结合的同步荧光光谱

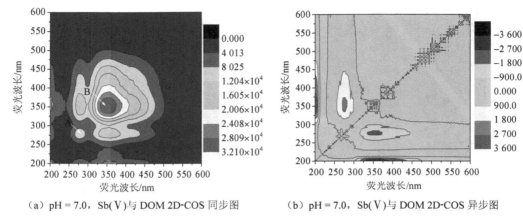

（a）pH = 7.0，Sb(V)与 DOM 2D-COS 同步图　　　（b）pH = 7.0，Sb(V)与 DOM 2D-COS 异步图

图 3-8　pH 为 7.0 时，不同浓度的 Sb(V)与 DOM 结合的 2D-COS 同步和异步二维图谱

均大于 2.0×10^{10} L/（mol·s）。因此，静态荧光淬灭被确定为主要淬灭过程。为进一步确定荧光淬灭机制，通过改进后的 Stern-Volmer 方程进行分析［图 3-8（b）］，峰 A 和峰 B 的 K_A 值分别计算为 2.11×10^3 L/mol 和 3.01×10^3 L/mol。该结果表明 Sb(V)与 DOM 之间的相互作用强烈。因此，当 Sb(V)被释放到土壤环境中，它很有可能与 DOM 一起从土壤迁移到其他环境介质中。此外，通过静态荧光衰减曲线以获取结合位点 n 和结合常数 K_b。图 3-9（c）表明 $\lg[(F_0-F)/F_0]$ 对 $\lg[Sb(V)]$ 作图的线性部分的 R^2 接近于 1，其中峰 A 和峰 B 的 R^2 分别等于 0.975 1 和 0.984 7。计算得出的峰 A 和峰 B 结合常数 $\lg K_b$ 分别为 1.29 L/mol 和 1.09 L/mol。此外，峰 A 和峰 B 的结合位点数 n 分别为 0.64 和 0.54，均小于 1。结果表明黑土 DOM 中的蛋白类物质和腐殖酸类物质仅有一类结合位点。

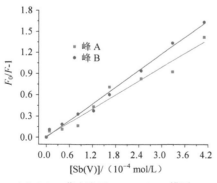

（a）DOM 荧光淬灭 Stern-Volmer 模型

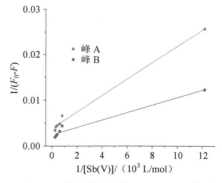

（b）DOM 荧光淬灭改进 Stern-Volmer 模型

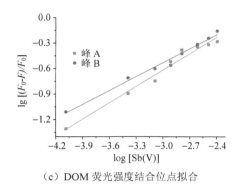

（c）DOM 荧光强度结合位点拟合

图 3-9 DOM 荧光强度淬灭模型拟合

3.2.6.4 DOM-Sb(Ⅴ)红外光谱分析

DOM 中含有多种官能团，如羧基、羟基、氨基等，DOM 能与污染物紧密结合与其自身的官能团有密切关系。因此，为进一步研究 DOM 中各种官能团与 Sb(Ⅴ)的结合特征，研究了不同 pH 条件下 DOM 与 Sb(Ⅴ)的红外光谱。在 pH 为 7.0 的条件下，不同初始浓度的 Sb(Ⅴ)与 DOM 的红外光谱如图 3-9（a）所示，其中线 a 代表 DOM 本身，出现了以 $1\,637\,cm^{-1}$、$1\,033\,cm^{-1}$、$780\,cm^{-1}$、$688\,cm^{-1}/635\,cm^{-1}$、$522\,cm^{-1}/468\,cm^{-1}$ 为中心的七个峰。$1\,637\,cm^{-1}$ 处的峰归因于酰胺Ⅰ的 C=O 键，表明蛋白质类物质的存在；$1\,033\,cm^{-1}$ 处的峰归因于 C—O 键的拉伸振动，表明多糖或类多糖物质的存在；$780\,cm^{-1}$ 处的峰对应于芳环中 C—H 键的形变振动；$688\,cm^{-1}/635\,cm^{-1}$ 处的峰与烷基卤化物的 C—X 拉伸振动有关；$522\,cm^{-1}/468\,cm^{-1}$ 处的峰属于—S/P 基团。图 3-9（a）表明，当 Sb(Ⅴ)的初始浓度从 5 mg/L 增长至 50 mg/L 时，Sb(Ⅴ)与 DOM 混合后红外光谱的七个峰没有明显变化，因此很难判断这些官能团是否参与了与 Sb(Ⅴ)的结合过程以及结合先后顺序。

为了解决以上几个问题，采用 2D-COS 解释了图 3-10（a）所示的 FTIR 数据，结果如图 3-11（a）、（b）和表 3-6 所示。观察到三个现象：①除七个峰外，同步和异步图谱中在 $1\,210\,cm^{-1}$（苯酚的—OH）处出现了一个新峰，而该峰并未出现在红外光谱中；②对应于八个峰的所有官能团均参与了与 Sb(Ⅴ)的结合；③这些基团对 Sb(Ⅴ)的结合先后顺序遵循 C=O>O—H>C—O>C—H>C—X>—S/P 的顺序（图 3-12）。此外，根据图 3-12 得出酰胺Ⅰ的 C=O 键，多糖中的酚羟基和 C—O 键显示出更强的结合力，因此，与其他

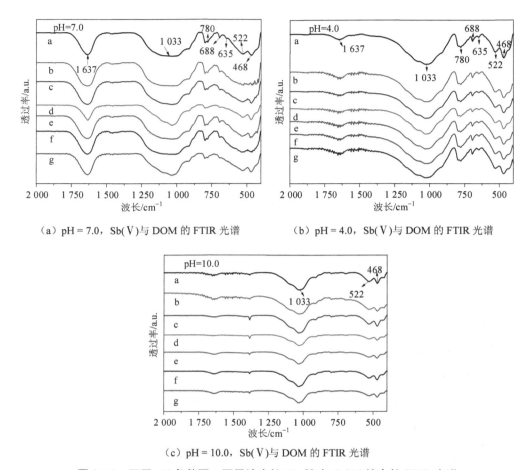

（a）pH = 7.0，Sb(V)与 DOM 的 FTIR 光谱　　　（b）pH = 4.0，Sb(V)与 DOM 的 FTIR 光谱

（c）pH = 10.0，Sb(V)与 DOM 的 FTIR 光谱

图 3-10　不同 pH 条件下，不同浓度的 Sb(V)与 DOM 结合的 FTIR 光谱

官能团相比，含氧官能团与 Sb(V)的结合强度要比非含氧的官能团更强。当 pH 为 4.0 时 [图 3-11（b）]，DOM 本身的 FTIR 光谱与 7.0 没有太大区别，只是 1 637 cm^{-1} 处的峰强度急剧降低。由于该峰表示蛋白类物质，因此，其衰减表明蛋白类物质的量减少。通过 2D-COS 分析图 3-10（b）中所示的红外数据后，得出两个结果：①与 pH = 7.0 不同，在同步和异步相关图中均未找到 1 210 cm^{-1} 的峰 [图 3-11（c）、（d）和表 3-4]；②这些基团对 Sb(V)的结合先后顺序遵循 C—O>C—H>C—X>—S/P 的顺序（图 3-12）。当 pH 为 10.0 时 [图 3-10（c）]，DOM 本身的 FTIR 光谱明显不同于 pH 为 7.0 和 4.0 时的情况，其中 1 637 cm^{-1}、780 cm^{-1} 和 688 cm^{-1}/635 cm^{-1} 处的四个峰消失。分析 2D-COS [图 3-11（e）、（f）和表 3-4] 图谱得出，只有两种官能团参与了与 Sb(V)的结合，其结合顺序为多糖类物质的 C—O 键>—S/P 基团（图 3-12）。综上所述，根据图 3-11 可以得出以下三个结论：

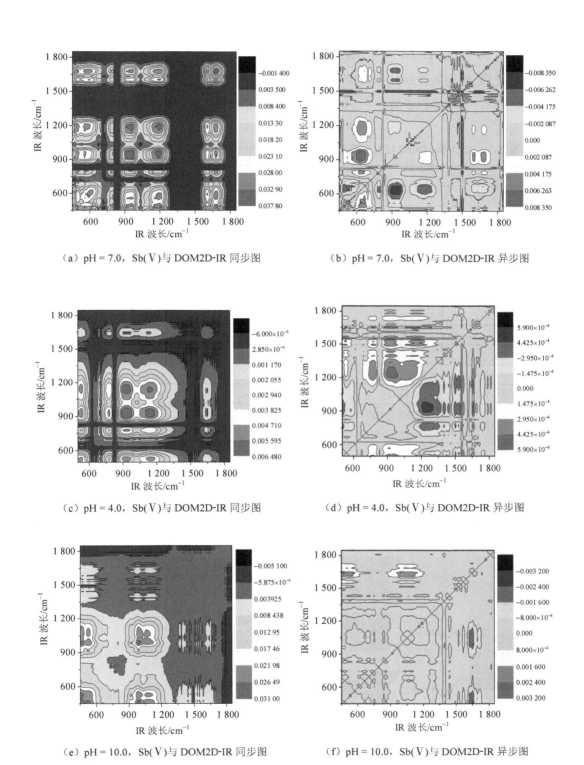

（a）pH = 7.0，Sb(V)与 DOM2D-IR 同步图　　　　（b）pH = 7.0，Sb(V)与 DOM2D-IR 异步图

（c）pH = 4.0，Sb(V)与 DOM2D-IR 同步图　　　　（d）pH = 4.0，Sb(V)与 DOM2D-IR 异步图

（e）pH = 10.0，Sb(V)与 DOM2D-IR 同步图　　　　（f）pH = 10.0，Sb(V)与 DOM2D-IR 异步图

图 3-11　不同 pH 条件下，不同浓度的 Sb(V)与 DOM 的同步和异步 2D-IR 图谱

一是当 pH 为 7.0 时 DOM 中与 Sb(Ⅴ)结合的官能团数量最多，其次是 pH 为 4.0 和 pH 为 10.0；二是碱性条件对减少 DOM 中官能团数量的影响大于酸性条件；三是当 pH 为 4.0～10.0 时，多糖类物质的 C—O 键和含—S/P 基团均能与 Sb(Ⅴ)发生结合。

表3-6　Sb(Ⅴ)与 DOM 结合的同步（Φ）和异步（Ψ）映射中每个峰的归属和符号结果

pH	峰位置/cm⁻¹	基团	符号					
4.0			1 033	780	688/635	522/468		
	1 033	多糖类物质的 C—O 键	+	+（-）	+（-）	+（-）		
	780	Ar-H, ν_{C-H}		+	+（-）	+（-）		
	688/635	烷基卤化物的 C—X 拉伸振动			+	+（-）		
	522/468	—S/P 基团				+		
7.0			1 637	1 210	1 033	780	688/635	522/468
	1 637	酰胺Ⅰ的 C=O	+	+（-）	+（-）	+（-）	+（-）	+（-）
	1 210	苯酚的 δ_{O-H}		+	+（-）	+（-）	+（-）	+（-）
	1 033	多糖类物质的 C—O 键			+	+（-）	+（-）	+（-）
	780	Ar-H, ν_{C-H}				+	+（-）	+（-）
	688/635	烷基卤化物的 C—X 拉伸振动					+	+（-）
	522/468	—S/P 基团						+
10.0			1 033	468/522				
	1 033	多糖类物质的 C—O 键	+	+（-）				
	522/468	—S/P 基团		+				

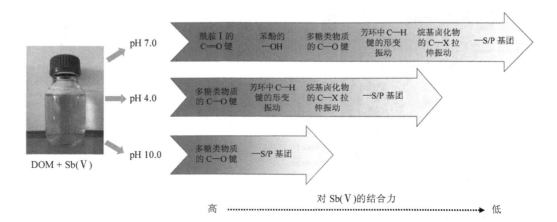

图 3-12　不同 pH 条件下 DOM 中的各种官能团对 Sb(Ⅴ)的结合力大小排序

3.2.6.5　本节小结

本节评估了不同 pH 条件下 DOM 对 Sb(Ⅴ)在黑土中吸附的影响，对比了在存在与不存在 DOM 的条件下，Sb(Ⅴ)在黑土中吸附行为的不同，然后在此研究的基础上，从分子水平找出 DOM 可以导致不同吸附行为的原因。结果表明：

（1）基于吸附动力学和吸附等温模型，从定量分析的角度发现，一旦吸附体系去除DOM，Sb(Ⅴ)从液体表层向土壤固体颗粒表面的传质速率明显降低，进而导致 Sb(Ⅴ)在黑土上的吸附量也显著降低。

（2）三维荧光光谱和同步荧光光谱证明 DOM 中的荧光类物质，即蛋白类物质和腐殖酸类物质均有助于与 Sb(Ⅴ)形成复合物。当 pH 为 7.0 时，DOM 中的腐殖酸类物质比蛋白类物质更敏感，更容易与 Sb(Ⅴ)发生相互作用；然而当 pH 为 4.0 和 10.0 时，由于蛋白类物质在酸碱条件下变性失活，腐殖酸类物质成为与 Sb(Ⅴ)结合的主要物质。

（3）红外光谱和 2D-COS 技术揭示了 DOM 中荧光物质与非荧光物质官能团与 Sb(Ⅴ)之间的相互作用，并对其结合力大小进行排序。中性条件下，DOM 中所含官能团数量最多，且这些官能团与 Sb(Ⅴ)的结合力遵循 C=O＞O—H＞C—O＞C—H＞C—X＞—S/P的顺序；酸性条件下，蛋白类物质以及 C=O 和 O—H 官能团消失，与 Sb(Ⅴ)的结合力遵循 C—O＞C—H＞C—X＞—S/P 的顺序；碱性条件下，蛋白类物质和更多的官能团包括 C=O、O—H、C—H 以及 C—X 均消失，与 Sb(Ⅴ)的结合力遵循 C—O＞—S/P 的顺序。

本节研究表明，DOM 的存在能显著改变 Sb(Ⅴ)在黑土中的环境行为，能为进一步研究土壤中 Sb(Ⅴ)的环境行为以及评估 Sb(Ⅴ)在土壤中的环境风险提供理论支持。

3.2.7　As(Ⅴ)对 Sb(Ⅴ)在黑土中吸附的影响

3.2.7.1　单溶质系统中 As(Ⅴ)或 Sb(Ⅴ)的吸附

图 3-13 显示了在不同 pH 下黑土对 As(Ⅴ)和 Sb(Ⅴ)的平衡吸附量（q_e）和吸附效率。可以看出，随着 pH 的增加，As(Ⅴ)和 Sb(Ⅴ)的 q_e 值显著下降，并且在整个 pH 范围内，As(Ⅴ)的 q_e 值始终高于 Sb(Ⅴ)的 q_e 值，同时吸附效率表现出与 q_e 相同的趋势［图 3-13（b）］。因此，本研究选择了 3 个典型的 pH（4.0、7.0 和 10.0）分别代表酸性、中性和碱性来进行进一步研究。

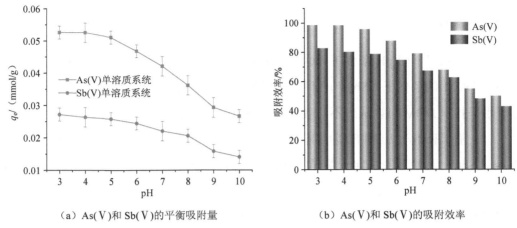

（a）As(V)和Sb(V)的平衡吸附量   （b）As(V)和Sb(V)的吸附效率

图 3-13   单溶质系统中，不同 pH 条件下 As(V)和 Sb(V)的平衡吸附量和吸附效率

与拟一阶动力学模型相比，拟二阶动力学模型具有更好的拟合度。该结果表明，As(V)/Sb(V)在黑土上的吸附是化学吸附过程，涉及通过吸附剂与被吸附物之间的电子共享或交换。图 3-14 分别给出了 As(V)/Sb(V)在黑土上吸附的拟二阶动力学模型、Weber-Morris 颗粒内扩散模型、Freundlich 等温模型和 Langmuir 等温模型。表 3-7 和表 3-8 分别列出了拟二阶动力学常数（k_2）和最大吸附容量（q_m）。根据 q_m 和 k_2，可以得出结论：黑土对 As(V)的吸附能力比对 Sb(V)的吸附能力强，且酸性条件比碱性条件更有利于吸附反应的进行。在其他文献中也发现了类似的结果。梁成华等研究发现从中国沈阳采集的棕色土壤中在 pH = 7.0 条件下，对 As(V)和 Sb(V)的 q_m 分别为 3.33×10^{-3} mmol/g 和 0.79×10^{-3} mmol/g。众所周知，砷的原子半径小于锑的原子半径，这可能导致 As(V) 与土壤颗粒之间更强的相互作用。尽管梁成华研究中的棕色土壤和本研究中的黑土都收集于中国东北地区，但这两种土壤对 As(V)和 Sb(V)的 q_m 值却呈现较大差异。基于表 3-3 和梁成华研究中的数据可以看出，黑土的 CEC 和 SOM 含量分别为 27.80 cmol/kg 和 49.31 g/kg，均高于棕色土壤的 CEC = 17.09 cmol/kg 和 SOM = 23.70 g/kg。大量研究指出，土壤的 CEC 和 SOM 含量越高，则土壤对金属离子或有机污染物的吸附能力越强。这是因为土壤 SOM 包含各种活性物质，如腐殖酸和富里酸，它们都可以与金属离子或有机污染物发生结合从而增大吸附量。

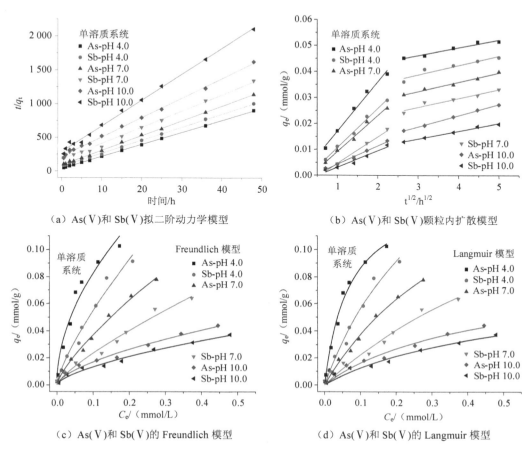

（a）As(Ⅴ)和 Sb(Ⅴ)拟二阶动力学模型　　　　（b）As(Ⅴ)和 Sb(Ⅴ)颗粒内扩散模型

（c）As(Ⅴ)和 Sb(Ⅴ)的 Freundlich 模型　　　　（d）As(Ⅴ)和 Sb(Ⅴ)的 Langmuir 模型

图 3-14　单溶质系统中，As(Ⅴ)和 Sb(Ⅴ)的动力学模型和等温模型

表 3-7　单溶质系统中 As(Ⅴ)和 Sb(Ⅴ)动力学模型参数和相关系数

模型	pH	参数	As(Ⅴ)	Sb(Ⅴ)
拟二级动力学模型	4.0	$q_{e,cal}$/（mol/g）	0.055 9	0.051 6
		k_2/[g/（mmol·h）]	8.530 5	5.408 8
		$k_2 q_{e,cal}^2$/[mmol/（g·h）]	26.7×10^{-3}	14.4×10^{-3}
		R^2	0.999 7	0.998 9
	7.0	$q_{e,cal}$/（mol/g）	0.045 6	0.041 7
		k_2/[g/（mmol·h）]	5.568 1	3.393 2
		$k_2 q_{e,cal}^2$/[mmol/（g·h）]	11.6×10^{-3}	5.9×10^{-3}
		R^2	0.999 1	0.990 9
	10.0	$q_{e,cal}$/（mol/g）	0.034 7	0.026 2
		k_2/[g/（mmol·h）]	3.839 2	3.059 3
		$k_2 q_{e,cal}^2$/[mmol/（g·h）]	4.6×10^{-3}	3.5×10^{-3}
		R^2	0.997 2	0.996 3

模型	pH	参数	As(V)	Sb(V)
Weber-Morris 颗粒内扩散模型	4.0	K_{id1}/[mmol/（g·h$^{1/2}$）]	0.019 0	0.015 2
		I_1/（mmol/g）	−0.002 0	−0.004 5
		K_{id2}/[mmol/（g·h$^{1/2}$）]	0.003 6	0.003 4
		I_2/（mmol/g）	0.037 2	0.027 9
	7.0	K_{id1}/[mmol/（g·h$^{1/2}$）]	0.014 1	0.010 3
		I_1/（mmol/g）	−0.004 9	−0.005 7
		K_{id2}/[mmol/（g·h$^{1/2}$）]	0.003 6	0.003 0
		I_2/（mmol/g）	0.021 7	0.016 1
	10.0	K_{id1}/[mmol/（g·h$^{1/2}$）]	0.007 1	0.005 0
		I_1/（mmol/g）	−0.002 9	−0.003 3
		K_{id2}/[mmol/（g·h$^{1/2}$）]	0.003 3	0.003 0
		I_2/（mmol/g）	0.005 9	0.005 1

表 3-8　单溶质系统中 As(V)和 Sb(V)的等温模型参数和相关系数

模型	pH	参数	As(V)	Sb(V)
Freundlich 模型	4.0	K_F/{mmol/[L$^{(1-1/n)}$·g]}	0.312 2	0.272 8
		n	1.92	1.32
		R^2	0.981 9	0.984 1
	7.0	K_F/{mmol/[L$^{(1-1/n)}$·g]}	0.209 7	0.140 7
		n	1.32	1.28
		R^2	0.991 9	0.972 9
Freundlich 模型	10.0	K_F/{mmol/[L$^{(1-1/n)}$·g]}	0.072 6	0.059 8
		n	1.58	1.53
		R^2	0.984 4	0.982 3
Langmuir 模型	4.0	q_m/（mmol/g）	0.210 8	0.146 2
		K_L/（L/mmol）	14.33	9.01
		R^2	0.979 6	0.978 7
	7.0	q_m/（mmol/g）	0.122 8	0.100 5
		K_L/（L/mmol）	7.15	5.12
		R^2	0.979 5	0.967 4
	10.0	q_m/（mmol/g）	0.081 3	0.073 7
		K_L/（L/mmol）	3.48	2.04
		R^2	0.961 4	0.963 7

　　Wilson 等指出土壤（pH = 3.0～10.0）中的 As(V)主要以 $H_2AsO_4^-$/$HAsO_4^{2-}$形式存在，Sb(V)主要以 $Sb(OH)_6^-$形式存在。与金属阳离子相反，低 pH 比高 pH 更适合含氧金属阴离子的吸附。不同初始浓度的 As(V)或 Sb(V)与土壤的红外光谱如图 3-15（a）、（b）所

示，其中黑线代表黑土本身，出现了 8 个以 1 637 cm^{-1}、1 429 cm^{-1}、1 034 cm^{-1}、780 cm^{-1}/692 cm^{-1}、652 cm^{-1}、528 cm^{-1} 和 462 cm^{-1} 为中心的峰。1 637 cm^{-1} 处的峰归因于酰胺 I 中 C=O 键的拉伸振动，与土壤本身的红外光谱相比，与 As(V)或 Sb(V)反应后该峰明显减弱；1 429 cm^{-1} 处的峰值对应于 COO—键的对称拉伸振动，在土壤中吸附了 As(V)或 Sb(V)之后，该峰强度显著增强；1 034 cm^{-1} 处的峰属于黏土中 Si—O 键的拉伸振动，而在 780 cm^{-1} 和 692 cm^{-1} 处的峰却属于高岭土中 Si—O 键对称拉伸振动和对称弯曲振动；652 cm^{-1} 处的峰与 Al—O 键的配位振动有关；528 cm^{-1} 处的峰表示 Fe—O 键的拉伸振动；462 cm^{-1} 处的峰表示 Si—O—Si 弯曲振动。

结合 2D-IR［图 3-15（c）～（f）和表 3-9］技术分析得出，当 pH 为 7.0 时黑土携带的不同官能团对 As(V)和 Sb(V)的结合力大小顺序如图 3-16 所示，当 pH 为 4.0 和 10.0 时也显示了相同的顺序。通过红外光谱和 2D-COS 发现黑土中有机胶体比无机胶体对 As(V)/Sb(V)更敏感，因此更容易与 As(V)/Sb(V)发生结合。COO—和 C=O 官能团表明土壤腐殖酸类物质的存在，富里酸和腐殖酸等有机胶体通常带负电，而层状硅铝酸盐矿物、铁或铝的水合氧化物胶体以及硅酸盐无定形胶体等无机胶体通常带正电。因此，土壤中的 Si—O、Al—O、Fe—O 和 Si—O—Si 等带正电的官能团可以通过静电吸引与 $H_2AsO_4^-$/$HAsO_4^{2-}$ 和 $Sb(OH)_6^-$ 发生相互作用；而腐殖酸中的 COO—和 C=O 等有机官能团则通过 COO—/C=O 携带的氧原子的孤对电子与 $H_2AsO_4^-$/$HAsO_4^{2-}$ 和 $Sb(OH)_6^-$ 中 As 和锑的电子空穴形成配位键结合。这些结果表明，专性吸附作用和静电吸附作用同时存在于土壤对 As(V)和 Sb(V)的吸附过程中，并且两者都有助于土壤与 As(V)/Sb(V)的结合。有趣的是除 Al—O 键外，黑土中不同官能团对 As(V)和 Sb(V)的结合亲和力顺序相同（图 3-16），而 Al—O 键对 Sb(V)的结合力最强，可能是因为 Sb(V)更倾向于与 Al—O 形成沉淀。Wang 等合成了铁修饰的好氧颗粒吸附剂以从水溶液中去除 Sb(V)，Fe 改性的好氧颗粒在表面上具有大量的 ≡Fe—OH。≡Fe—OH 的形态取决于溶液的 pH，其中 ≡Fe—OH 在较低 pH 下质子化形成 ≡Fe—OH$_2^+$，而在较高 pH 下去质子化形成 ≡Fe—O$^-$。因此，在酸性条件下，Sb(V)与 ≡Fe—OH 首先通过静电相互作用形成外球络合物 ≡Fe—OH$_2^+$·Sb(OH)$_6^-$，随后再形成更稳定的内球络合物 ≡Fe—O—Sb。我们假设 Wang 等的理论也可用于解释黑土中无机胶体（Si—O、Al—O、Fe—O、Si—O—Si）和 As(V)/Sb(V)的结合机制，即内球络合物与外球络合物的形成，这也就能够解释为什么低 pH 对 As(V)和 Sb(V)的吸附更有利。

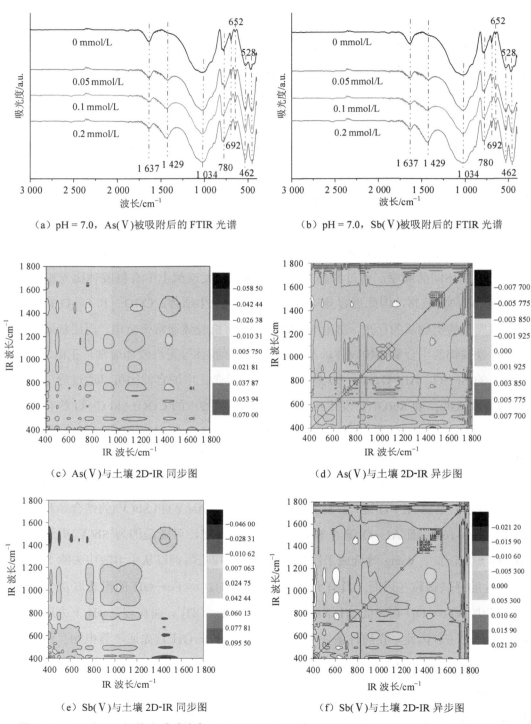

（a）pH = 7.0，As(Ⅴ)被吸附后的 FTIR 光谱　　　　（b）pH = 7.0，Sb(Ⅴ)被吸附后的 FTIR 光谱

（c）As(Ⅴ)与土壤 2D-IR 同步图　　　　（d）As(Ⅴ)与土壤 2D-IR 异步图

（e）Sb(Ⅴ)与土壤 2D-IR 同步图　　　　（f）Sb(Ⅴ)与土壤 2D-IR 异步图

图 3-15　pH 为 7.0 的单溶质系统中，As(Ⅴ)和 Sb(Ⅴ)的 FTIR 以及 2D-IR 同步、异步相关图谱

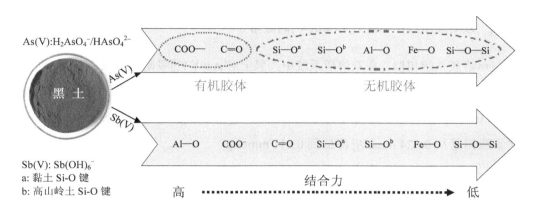

图 3-16　pH 为 7.0 单溶质系统中黑土不同官能团对 As(Ⅴ)和 Sb(Ⅴ)的结合力大小排序

表 3-9　As(Ⅴ)和 Sb(Ⅴ)与土壤结合的同步（Φ）和异步（Ψ）映射中每个峰的归属和符号结果

系统	峰位置/cm⁻¹	基团	符号						
			1 637	1 429	1 034	780/692	652	528	462
As(Ⅴ)	1 637	酰胺 I 中的 C=O 键的拉伸振动	+	− (−)	− (+)	− (+)	− (+)	− (+)	− (+)
	1 429	COO—键的对称拉伸振动		+	− (+)	− (+)	− (+)	− (+)	− (+)
	1 034	Si—O 键的拉伸振动			+	− (+)	− (+)	− (+)	− (+)
	780/692	Si—O 键对称拉伸振动和对称弯曲振动				+	− (+)	− (+)	− (+)
	652	Al—O 键的配位振动					+	− (+)	− (+)
	528	Fe—O 键的拉伸振动						+	− (+)
	462	Si—O—Si 弯曲振动							+
Sb(Ⅴ)			1 637	1 429	1 034	780/692	652	528	462
	1 637	酰胺 I 中的 C=O 键的拉伸振动	+	− (−)	− (+)	− (+)	− (−)	− (+)	− (+)
	1 429	COO—键的对称拉伸振动		+	− (+)	− (+)	− (−)	− (+)	− (+)
	1 034	Si—O 键的拉伸振动			+	+ (−)	− (−)	− (+)	− (+)
	780/692	Si—O 键对称拉伸振动和对称弯曲振动				+	− (−)	− (+)	− (+)
	652	Al—O 键的配位振动					+	+ (−)	+ (−)
	528	Fe—O 键的拉伸振动						+	+ (−)
	462	Si—O—Si 弯曲振动							+

3.2.7.2 双溶质系统中 As(V)和 Sb(V)的吸附

与单溶质系统相似，在双溶质系统中，黑土对 As(V)的吸附量［图 3-17（a）］和吸附效率［图 3-17（b）］都比 Sb(V)强，并且在酸性条件下吸附作用强于碱性条件。随着 pH 从 3.0 增加到 10.0，As(V)的平衡吸附量从 0.049 mmol/g 降低到 0.029 mmol/g，Sb(V)的平衡吸附量从 0.024 mmol/g 降低到 0.011 mmol/g。

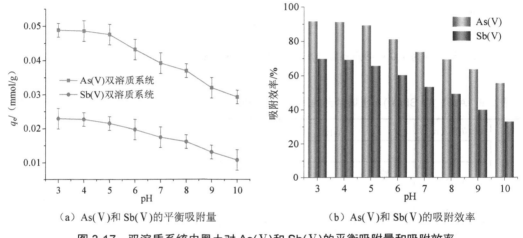

（a）As(V)和 Sb(V)的平衡吸附量　　　　（b）As(V)和 Sb(V)的吸附效率

图 3-17　双溶质系统中黑土对 As(V)和 Sb(V)的平衡吸附量和吸附效率

图 3-18（a）显示了在 pH 为 4.0、7.0 和 10.0 的条件下，As(V)和 Sb(V)在 48 h 内的吸附情况。可以看出，大部分吸附发生在前 20 h 内，随着接触时间的延长，q_t 值从 20 h 到 36 h 略有增加，然后从 36 h 到 48 h 几乎保持不变。As(V)和 Sb(V)的 q_e 当 pH 为 4.0 时分别是 0.037 mmol/g 和 0.030 mmol/g，当 pH 为 7.0 时分别是 0.028 mmol/g 和 0.022 mmol/g，当 pH 为 10.0 时分别是 0.018 mmol/g 和 0.015 mmol/g。在图 3-18（b）～（d）中可以发现两个有趣的现象：当 pH 为 4.0 时，最初 5 h 内 As(V)和 Sb(V)的 q_t 值之间的差距几乎可以忽略不计［图 3-18（b）］，当 pH 为 7.0 时两者差距则有所增加［图 3-18（c）］，然而当 pH 为 10.0 时进一步增加［图 3-18（d）］。其中可能的原因是土壤无机胶体原本带正电，然而酸性条件会迫使无机胶体带更多正电荷，这将有利于土壤对 $H_2AsO_4^-/HAsO_4^{2-}$ 和 $Sb(OH)_6^-$ 的静电吸附。但是，无机胶体携带的正电荷量会随着 pH 的增加而减少，这就意味着当 pH 为 4.0 时，As(V)/Sb(V)与黑土之间的静电吸引力最强，其次是 pH 为 7.0 和 10.0 时。一般而言，土壤表面在初始吸附阶段具有足够的活性位点，

能够大量与污染物结合。因此，面对足够的活性位点和当 pH 为 4.0 时最强静电吸引这两个因素，土壤在酸性条件下对 As(V)和 Sb(V)具有最强的结合力，进而无法导致两者吸附量之间出现明显差异。这就可以解释为什么在最初的前 5 h 内，As(V)的 q_t 值几乎等于 Sb(V)的 q_t 值。当 pH 从 4.0 增加到 7.0 时，溶液中氢离子浓度降低，土壤与 As(V)/Sb(V)之间静电吸引力也随之降低，即使在初始阶段面对足够多的活性位点，较弱的静电吸引力也可能不足以推动溶液中 As(V)/Sb(V)在土壤颗粒表面的大量附着。因此，土壤对 As(V)和 Sb(V)的结合力的差异导致在前 5 h 内两种金属的 q_t 值之间出现了差距。同理，由于当 pH 为 10.0 时静电吸引力减到最弱，因此两者的 q_t 值差异最大。

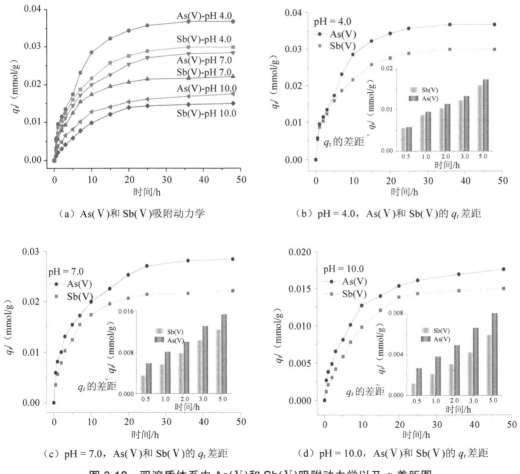

图 3-18　双溶质体系中 As(V)和 Sb(V)吸附动力学以及 q_t 差距图

　　拟二阶动力学模型和 Weber-Morris 颗粒内扩散模型定量地解释了上述现象。如表 3-10 所示，当 pH 为 4.0、7.0 和 10.0 时，As(V)的初始吸附速率（$k_2q_{e,cal}^2$）均高于 Sb(V)，表明土壤表面对 As(V)的吸附是快于 Sb(V)的。同样，对于一级扩散速率常数 K_{id1} 和二级扩散速率常数 K_{id2} 也观察到了类似的趋势，这表明 As(V)从液体层扩散到土壤外表面以及从土壤外表面迁移到内表面的传质效率更快。当 pH 为 4.0、7.0 和 10.0 时，将 As(V)的 $k_2q_{e,cal}^2$ 值比较 Sb(V)的 $k_2q_{e,cal}^2$ 值，结果分别为 1.11、1.32 和 1.71；同样 As(V)的 K_{id1} 值比较 Sb(V)的 K_{id1} 值，结果分别为 1.14、1.41 和 2.10，可以看出两个参数的比率均随 pH 的增加而增加。这些结果表明，在较高的 pH 下，土壤对 Sb(V)的吸附能力下降更为严重。因此，从定量的角度同样解释出为何前 5 h 内 As(V)和 Sb(V)之间的 q_t 值差距随着 pH 的增加而增加。另一个有趣的现象是，在整个吸附过程 0~48 h 中，pH 为 7.0 时 As(V)的所有 q_t 值都非常接近 pH 为 4.0 时 Sb(V)的 q_t 值［图 4-6（a）］，这进一步证明了 As(V)在黑土中的吸附强于 Sb(V)。

表 3-10　双溶质系统中 As(V)和 Sb(V)动力学模型的常数和相关系数

模型	pH	参数	As(V)	Sb(V)
拟二级动力学模型	4.0	$q_{e,cal}$/（mol/g）	0.041 2	0.032 9
		k_2/[g/(mmol·h)]	5.178 6	7.266 0
		$k_2q_{2e,cal}$/[mmol/(g·h)]	8.8×10^{-3}	7.9×10^{-3}
		R^2	0.993 5	0.995 5
	7.0	$q_{e,cal}$/（mol/g）	0.030 8	0.023 9
		k_2/[g/(mmol·h)]	7.809 6	9.803 7
		$k_2q_{2e,cal}$/[mmol/(g·h)]	7.4×10^{-3}	5.6×10^{-3}
		R^2	0.994 3	0.998 6
	10.0	$q_{e,cal}$/（mol/g）	0.019 5	0.018 2
		k_2/[g/(mmol·h)]	9.510 4	6.396 6
		$k_2q_{2e,cal}$/[mmol/(g·h)]	3.6×10^{-3}	2.1×10^{-3}
		R^2	0.995 1	0.990 2
Weber-Morris 颗粒内扩散模型	4.0	K_{id1}/[mmol/(g·h^{1/2})]	0.010 8	0.009 4
		I_1/（mmol/g）	0.001 4	0.001 4
		K_{id2}/[mmol/(g·h^{1/2})]	0.007 1	0.006 4
		I_2/（mmol/g）	0.005 2	0.007 8
	7.0	K_{id1}/[mmol/(g·h^{1/2})]	0.008 3	0.005 9
		I_1/（mmol/g）	0.001 6	−0.003 5
		K_{id2}/[mmol/(g·h^{1/2})]	0.004 5	0.003 5
		I_2/（mmol/g）	0.006 4	0.009 1

模型	pH	参数	As(V)	Sb(V)
Weber-Morris 颗粒内扩散模型	10.0	$K_{id1}/[\text{mmol}/(\text{g}\cdot\text{h}^{1/2})]$	0.004 4	0.002 1
		$I_1/$（mmol/g）	0.001 2	−0.001 1
		$K_{id2}/[\text{mmol}/(\text{g}\cdot\text{h}^{1/2})]$	0.003 2	0.001 8
		$I_2/$（mmol/g）	0.004 3	0.006 4

图 3-19 显示了 pH 为 4.0、7.0 和 10.0 时 As(V)和 Sb(V)的吸附等温数据，其中 As(V)和 Sb(V)的初始浓度为 0～0.6 mmol/L。与 Langmuir 模型相比，Freundlich 模型的 R^2 值更高，表明 Freundlich 模型对于 As(V)和 Sb(V)在黑土中的吸附具有更高的拟合度并且表明其吸附属于多层吸附。As(V)和 Sb(V)的 q_m 值在 pH 为 4.0 时分别是 0.100 3 mmol/g 和 0.076 9 mmol/g，当 pH 为 7.0 时分别是 0.075 6 mmol/g 和 0.058 9 mmol/g，当 pH 为 10.0 时分别是 0.050 9 mmol/g 和 0.032 5 mmol/g（表 3-11）。K_F 是一个与实际吸附容量有关的常数。观察到 K_F 的顺序与 q_m 的顺序一致，表明土壤与 As(V)/Sb(V)的结合亲和力在酸性条件下最高，其次为中性和碱性条件下。表 3-7 和表 3-11 分别显示了在单溶质体系和双溶质体系中 As(V)和 Sb(V)在黑土上的吸附性能。结果发现，与单溶质体系相比，As(V)和 Sb(V)共存时的吸附量和吸附速度均降低，这表明在双溶质体系中，可能存在竞争吸附。

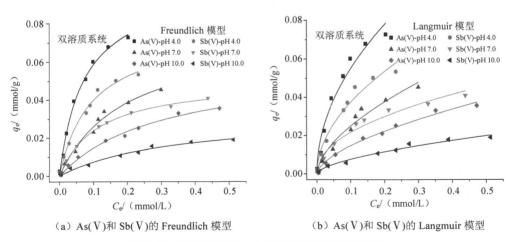

（a）As(V)和 Sb(V)的 Freundlich 模型　　（b）As(V)和 Sb(V)的 Langmuir 模型

图 3-19　双溶质体系，As(V)和 Sb(V)等温模型

表 3-11　双溶质系统中 As(Ⅴ)和 Sb(Ⅴ)的等温模型的参数和相关系数

模型	pH	参数	As(Ⅴ)	Sb(Ⅴ)
Freundlich 模型	4.0	K_F/{mmol/[L$^{(1-1/n)}$·g]}	0.174 6	0.123 1
		n	1.99	1.93
		R^2	0.993 0	0.990 1
	7.0	K_F/{mmol/[L$^{(1-1/n)}$·g]}	0.097 89	0.063 9
		n	1.68	2.12
		R^2	0.981 0	0.995 0
	10.0	K_F/{mmol/[L$^{(1-1/n)}$·g]}	0.058 7	0.030 1
		n	1.66	1.68
		R^2	0.991 6	0.978 6
Langmuir 模型	4.0	q_m/（mmol/g）	0.100 3	0.076 9
		K_L/（L/mmol）	14.01	10.69
		R^2	0.962 8	0.966 5
	7.0	q_m/（mmol/g）	0.075 6	0.058 9
		K_L/（L/mmol）	8.73	5.21
		R^2	0.964 6	0.947 3
	10.0	q_m/（mmol/g）	0.050 9	0.032 5
		K_L/（L/mmol）	3.31	2.94
		R^2	0.979 1	0.973 3

3.2.7.3　顺序系统中 As(Ⅴ)和 Sb(Ⅴ)的吸附

根据顺序吸附概念可以将顺序系统分为两个子系统，即"先 As(Ⅴ)后 Sb(Ⅴ)体系"和"先 Sb(Ⅴ)后 As(Ⅴ)体系"。如图 3-20 所示实验分为 4 个阶段：阶段 Ⅰ：在锥形瓶中将 0.1 g 的黑土与 20 mL 0.2 mmol/L 的 As(Ⅴ)溶液混合，同时将混合液 pH 调节为 4.0，然后进行吸附实验。阶段 Ⅱ：吸附反应 48 h 后，从锥形瓶中移取出体积为 0.2 mL 的样品，以分析 As(Ⅴ)的残留浓度（0.003 mmol/L），该浓度是指蓝色曲线上绿色圈标记的 0 时刻点 [图 3-20（b）]。阶段 Ⅲ：将 0.2 mL 的 20 mmol/L 且 pH = 4.0 的 Sb(Ⅴ)溶液添加到锥形瓶中与土壤颗粒混合，此时 Sb(Ⅴ)的初始浓度为 0.2 mmol/L，继续吸附反应 12 h，即红色曲线上的 0 时刻点 [图 3-21（a）]。阶段 Ⅳ：当吸附时间从 0 h 延长到 12 h 后，Sb(Ⅴ)的浓度从 0.20 mmol/L 降低到 0.04 mmol/L [图 3-21（a）]，表明超过 80% 的 Sb(Ⅴ)从水溶液转移到土壤颗粒表面。同时，As(Ⅴ)的残留浓度从 0 h 的 0.003 mmol/L 继续降低至 12 h 的 0.001 6 mmol/L，残留 As(Ⅴ)的吸附效率为 48.22%，表明残留的 As(Ⅴ)继

续被黑土吸附。As(V)残留浓度的继续降低也从侧面反映出阶段Ⅱ中已吸附的 As(V)
并未从阶段Ⅳ中的土壤颗粒中解吸出来。同样，当 pH 为 7.0 和 10.0 时，残留 As(V)的
初始浓度分别为 0.06 mmol/L 和 0.11 mmol/L［图 3-21（b）、（c）］。当溶液的 pH 从 4.0
到 10.0 时，Sb(V)的吸附效率从 80.81%降低到 35.42%，残留 As(V)的吸附效率从 48.22%
下降到 38.67%［图 3-21（d）］。与在单溶质系统和双溶质系统中得出的结论一样，酸性
条件有利于"先 As(V)后 Sb(V)体系"的吸附过程。

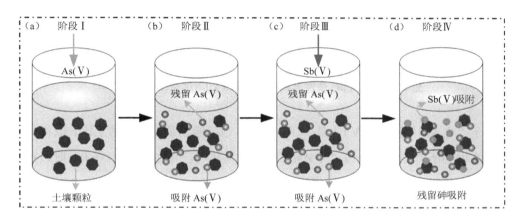

图 3-20　"先 As(V)后 Sb(V)体系"的操作流程

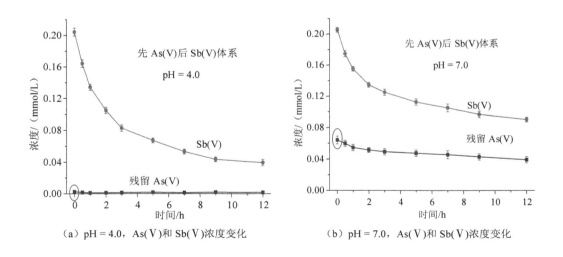

（a）pH = 4.0，As(V)和 Sb(V)浓度变化　　　（b）pH = 7.0，As(V)和 Sb(V)浓度变化

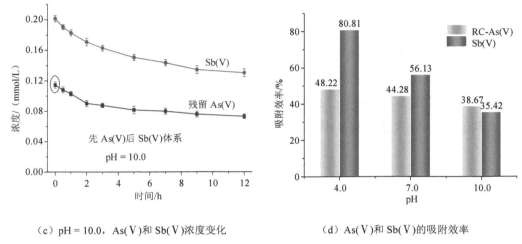

（c）pH = 10.0，As(V)和 Sb(V)浓度变化 　　　（d）As(V)和 Sb(V)的吸附效率

图 3-21　不同 pH 条件下 As(V)和 Sb(V)浓度变化和吸附效率

对于"先 Sb(V)后 As(V)体系"（图 3-22），包括吸附质浓度、水土比、取样量和吸附时间在内的所有操作条件与"先 As(V)后 Sb(V)体系"完全相同。在 0 h 时，残留的 Sb(V)离子的浓度以紫色圈标记［图 3-23（a）～（c）］，其中 pH 为 4.0、7.0 和 10.0 时残留的 Sb(V)的浓度分别约为 0.031 mmol/L、0.054 mmol/L 和 0.084 mmol/L。随着吸附时间的延长，残留 Sb(V)的浓度呈增加趋势，这表明在阶段Ⅱ中已被吸附的 Sb(V)不仅没有继续被黑土吸附，反而从阶段Ⅳ中的黑土颗粒中解吸出来。当 pH 为 4.0、7.0 和 10.0 时，在 12 h 后残留 Sb(V)的浓度分别为 0.035 mmol/L、0.076 mmol/L 和 0.125 mmol/L。通过比较残留 Sb(V)在 4.0、7.0 和 10.0 时的初始浓度，计算得出的解吸效率分别为 9.38%、37.5%和 44.83%［图 3-23（d）］。这些结果表明 pH 越高，解吸的 Sb(V)的量越多。通过比较"先 As(V)后 Sb(V)体系"和"先 Sb(V)后 As(V)体系"两个子系统，发现两者都有一些共同点，即酸性条件有利于吸附的进行。然而不同之处在于，对于前者，先前已经被黑土吸附的 As(V)不会随 Sb(V)的吸附而解吸，但是对于后者，先前已经被黑土吸附的 Sb(V)会随 As(V)的吸附而解吸。在"先 As(V)后 Sb(V)体系"中，即使在 pH 为 10.0 的情况下，也没有 As(V)从土壤颗粒上解吸下来，这些结果进一步表明黑土颗粒和 As(V)之间存在明显更强的结合力。

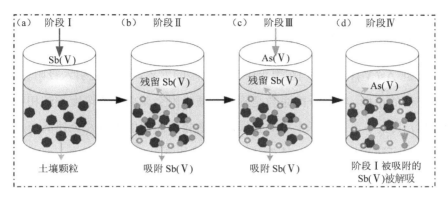

图 3-22　"先 Sb(V)后 As(V)体系"的操作流程

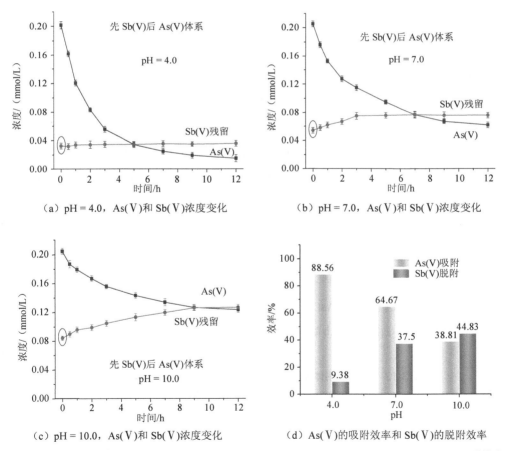

（a）pH = 4.0，As(V)和 Sb(V)浓度变化

（b）pH = 7.0，As(V)和 Sb(V)浓度变化

（c）pH = 10.0，As(V)和 Sb(V)浓度变化

（d）As(V)的吸附效率和 Sb(V)的脱附效率

图 3-23　不同 pH 条件下 As(V)和 Sb(V)浓度变化以及 As(V)的吸附效率和 Sb(V)的脱附效率

3.2.7.4　As(Ⅴ)和 Sb(Ⅴ)环境风险评价

为了分析 As(Ⅴ)和 Sb(Ⅴ)在黑土中环境风险的差异，本研究引入吸附分配系数 K_d 作为对其评估的指标。吸附分配系数是固相介质吸附金属离子的浓度和液相中金属离子浓度的比值，其大小可以表示土壤对金属离子的吸附滞留能力以及金属离子在土壤中的生物有效性和可迁移性。其 K_d（L/kg）计算公式如下：

$$K_d = \frac{(C_0 - C_e) \cdot V}{C_e \cdot m}$$ （3-18）

式中，C_0——溶液中 As(Ⅴ)或 Sb(Ⅴ)的初始浓度，mmol/L；

C_e——吸附平衡后溶液中 As(Ⅴ)或 Sb(Ⅴ)的平衡浓度，mmol/L；

V——溶液体积，L；

m——土壤质量，g。

本研究获得了在不同 pH 下的关于 As(Ⅴ)和 Sb(Ⅴ)在黑土中的几个吸附参数，包括 k、K_{id}、q_m 和 K_d 等，证明了 As(Ⅴ)和 Sb(Ⅴ)在黑土中的吸附程度与 pH 显著相关，即酸性条件下吸附程度总是大于中性条件和碱性条件。As(Ⅴ)和 Sb(Ⅴ)在两种体系中的分配系数如表 3-12 所示，不论在单溶质体系还是在双溶质体系，As(Ⅴ)和 Sb(Ⅴ)的 K_d 值均随 pH 的增加而降低，这表明酸性条件有利于 As(Ⅴ)和 Sb(Ⅴ)在黑土中的滞留，其次是中性条件和碱性条件。此外，As(Ⅴ)的 K_d 值明显大于 Sb(Ⅴ)的 K_d 值，这意味着 Sb(Ⅴ)更有可能被保留在土壤的水相中，因此，更易于通过地表径流、地下径流或淋洗下渗的作用迁移到地表水体和地下水体。与单溶质体系相比，双溶质体系中 As(Ⅴ)和 Sb(Ⅴ)的 K_d 值显著降低，这意味着 As(Ⅴ)和 Sb(Ⅴ)在黑土中共存时的迁移率比单独存在时明显提高，所以其潜在环境风险也随之增加。

表 3-12　两种吸附体系下 As(Ⅴ)和 Sb(Ⅴ)在黑土中分配系数比较

系统	pH	As(Ⅴ)/（L/kg）	Sb(Ⅴ)/（L/kg）
单溶质系统	4.0	188.35	110.08
	7.0	103.03	74.35
	10.0	51.57	39.66
双溶质系统	4.0	154.61	97.39
	7.0	90.07	53.48
	10.0	39.09	19.42

3.2.7.5　本节小结

本节设计了三个吸附体系,即单溶质体系、双溶质体系以及顺序体系,来模拟真实自然环境中 As(V)和 Sb(V)进入土壤的不同方式,深入研究了在不同 pH 条件下 As(V)和 Sb(V)在黑土中的吸附性能,结果表明:

单溶质体系中,通过红外光谱和 2D-COS 技术结果揭示出黑土中无机胶体所含的官能团 Si—O、Al—O、Fe—O 和 Si—O—Si 带正电,能与带负电的 As(V)和 Sb(V)发生静电结合;而土壤中的 COO—和 C=O 官能团则通过 COO—和 C=O 中携带的氧原子的孤对电子与 As(V)和 Sb(V)的电子空穴形成配位结合。

双溶质体系中,根据吸附动力学模型参数 $k_2q^2_{\text{e, cal}}$ 和吸附等温模型参数 q_m 得出,当 As(V)和 Sb(V)共存时,黑土对 As(V)和 Sb(V)的吸附能力比 As(V)和 Sb(V)单独存在时明显降低,表明竞争性吸附的发生。另外,在整个吸附过程中,在前 5 h 内 As(V)和 Sb(V)吸附量的差距随 pH 的升高而增大。

顺序体系中,对于"先 As(V)后 Sb(V)体系",即使在 pH 为 10.0 时,已经被黑土吸附的 As(V)也不随 Sb(V)吸附而解吸出来。但是,对于"先 Sb(V)后 As(V)体系",即使在 pH 为 4.0 时,已经被黑土吸附的 Sb(V)也会伴随 As(V)吸附而解吸。

三个吸附体系都指向相同的结论,即 As(V)在黑土中的吸附程度总是高于 Sb(V),以及酸性条件比中性条件和碱性条件都更有利吸附反应的进行。这些结果有助于理解 As(V)/Sb(V)在不同条件下土壤环境中的吸附行为,也有助于评估自然环境中两种痕量金属的环境风险。

3.2.8　SMT 的存在对 Sb(V)在黑土中吸附的影响

3.2.8.1　吸附动力学和吸附等温

从吸附动力学和吸附等温两个方面评估不同条件下土壤中存在与不存在 SMT 时对 Sb(V)吸附的影响。图 3-24 显示了系统 I 和系统 II 中的整个吸附动力学过程,从中可以观察到 3 种现象:①在 pH 为 7.0 时,发现两个体系中吸附容量随接触时间的变化趋势相同。根据图 3-24(a),整个吸附过程可以分为快速阶段、中速阶段和慢速阶段。快速阶段为最初 100 min,其吸附容量达到平衡吸附容量的大约 50%;中速阶段在 100~

350 min，两个系统对 Sb(V)的吸附能力达到平衡吸附容量的 90%左右；慢速阶段为 350～720 min，两个系统的吸附量继续增加了约 10%。另外，观察到系统 I 中的平衡吸附容量和吸附效率分别为 0.34 mg/g 和 42.75%，高于系统 II 中的平衡吸附容量和吸附效率（0.26 mg/g 和 32.95%）。在 pH 为 5.0 ［图 3-24（b）］和 3.0 ［图 3-24（c）］的情况下也发现了相似的结果。②随着 pH 的增加，平衡吸附容量的下降率从 12.70%增加到 23.53%。上述现象表明，pH 的增加导致更多的 Sb(V)和 SMT 形成 SMT-Sb(V)络合物，从而导致吸附体系中游离的 Sb(V)的含量降低。就吸附系统而言，Sb(V)比 SMT-Sb(V)络合物更容易被黑土吸附。Kang 等也报道了类似的结果，即四环素在浓度从 0 增加到 0.1 mmol/L 时，壳聚糖对 Cu(II)的最大吸附量从 1 856.06 mmol/kg 降低到 1 486.20 mmol/kg。③对于两种吸附系统，强酸性条件更有利于 Sb(V)在黑土上的吸附，进而导致吸附量增加。其原因可能是由于土壤带负电，并且 Sb(V)在 pH 为 3.0 至 10.0 的土壤环境中总是以含氧金属阴离子 $[Sb(OH)_6^-]$ 形式存在。此外，酸性条件可能迫使土壤表面带有更多的正电荷。因此，静电吸引可能是酸性条件下土壤吸附大量 Sb(V)的原因。

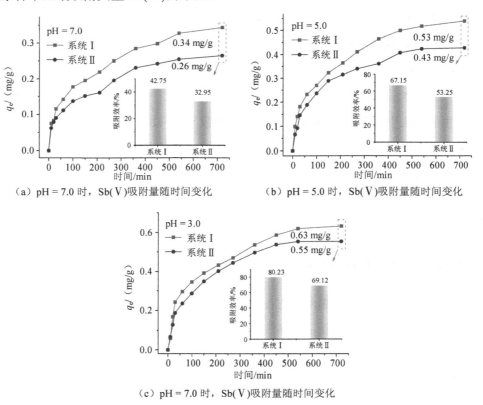

（a）pH = 7.0 时，Sb(V)吸附量随时间变化

（b）pH = 5.0 时，Sb(V)吸附量随时间变化

（c）pH = 7.0 时，Sb(V)吸附量随时间变化

图 3-24 不同 pH 条件下 Sb(V)在系统 I 和系统 II 中的吸附动力学

运用拟二级动力学模型［图 3-25（a）、（b）和表 3-13］和 Weber-Morris 颗粒内扩散模型［图 3-25（c）、（d）和表 3-13］来定量解释上述现象。表 3-13 给出了系统 I 在 pH 为 3.0、5.0 和 7.0 时的初始吸附率（$k_2q^2_{e,cal}$）分别为 10.08×10^{-3} mg/（g·min）、6.39×10^{-3} mg/（g·min）和 3.88×10^{-3} mg/（g·min），所有的值均高于系统 II 中相应的值 ［7.24×10^{-3} mg/（g·min）、6.11×10^{-3} mg/（g·min）和 3.11×10^{-3} mg/（g·min）］。同样在 pH 为 3.0、5.0 和 7.0 的情况下，系统 I 的扩散速率（K_id_1）分别为 3.92×10^{-2} mg/（g·min$^{1/2}$）、2.49×10^{-2} mg/（g·min$^{1/2}$）和 1.54×10^{-2} mg/（g·min$^{1/2}$），也分别高于系统 II 中对应的值。这些结果进一步从传质速率和扩散速率的角度证明了酸性条件以及不存在 SMT 的条件均能够促进土壤对 Sb(V)的吸附。

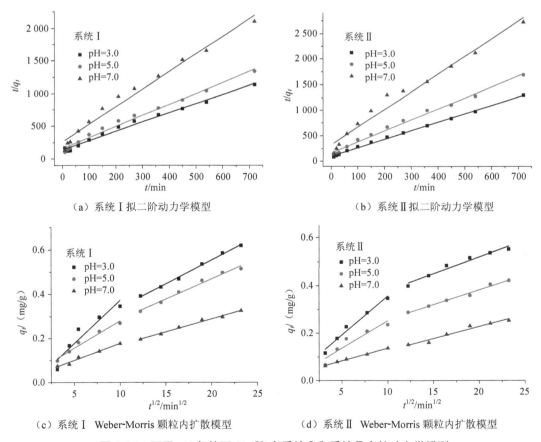

（a）系统 I 拟二阶动力学模型　　　　（b）系统 II 拟二阶动力学模型

（c）系统 I Weber-Morris 颗粒内扩散模型　　（d）系统 II Weber-Morris 颗粒内扩散模型

图 3-25　不同 pH 条件下 Sb(V)在系统 I 和系统 II 中的动力学模型

表 3-13　不同 pH 条件下 Sb(Ⅴ)在系统 Ⅰ 和系统 Ⅱ 中的动力学模型参数和相关系数

模型	pH	参数	系统 Ⅰ	系统 Ⅱ
拟二阶动力学模型	3.0	$q_{e,cal}$/（mg/g）	0.600 8	0.705 2
		k_2/[g/（mg·min）]	0.027 9	0.014 6
		$k_2 q^2_{e,cal}$/[mg/（g·min）]	10.08×10^{-3}	7.24×10^{-3}
		R^2	0.986 5	0.997 1
	5.0	$q_{e,cal}$/（mg/g）	0.591 2	0.464 2
		k_2/[g/（mg·min）]	0.018 3	0.028 3
		$k_2 q^2_{e,cal}$/[mg/（g·min）]	6.39×10^{-3}	6.11×10^{-3}
		R^2	0.985 2	0.990 4
	7.0	$q_{e,cal}$/（mg/g）	0.370 7	0.288 8
		k_2/[g/（mg·min）]	0.028 2	0.037 3
		$k_2 q^2_{e,cal}$/[mg/（g·min）]	3.88×10^{-3}	3.11×10^{-3}
		R^2	0.977 7	0.971 5
Weber-Morris 颗粒内扩散模型	3.0	K_{id1}/[mg/（g·min$^{1/2}$）]	0.039 2	0.032 8
		I_1/（mg/g）	−0.019 9	0.028 2
		K_{id2}/[mg/（g·min$^{1/2}$）]	0.021 5	0.013 9
		I_2/（mg/g）	0.123 9	0.240 5
	5.0	K_{id1}/[mg/（g·min$^{1/2}$）]	0.024 9	0.023 2
		I_1/（mg/g）	0.030 8	0.020 4
		K_{id2}/[mg/（g·min$^{1/2}$）]	0.018 3	0.012 5
		I_2/（mg/g）	0.102 8	0.133 3
	7.0	K_{id1}/[mg/（g·min$^{1/2}$）]	0.015 4	0.010 9
		I_1/（mg/g）	0.023 4	0.030 2
		K_{id2}/[mg/（g·min$^{1/2}$）]	0.011 9	0.010 2
		I_2/（mg/g）	0.051 1	0.024 6

　　利用吸附等温模型，计算系统 Ⅰ 和系统 Ⅱ 对 Sb(Ⅴ)的 q_m 值。图 3-26（a）、（b）为 Sb(Ⅴ)在 pH 为 3.0、5.0 和 7.0 时的等温曲线，其中 Sb(Ⅴ)的初始浓度为 0～50 mg/L。与 Langmuir 模型相比，Freundlich 模型对整个吸附过程具有更高的拟合度（表 3-14），说明 Sb(Ⅴ)在土壤中的吸附属于多层吸附。在 pH 为 3.0、5.0 和 7.0 时，Sb(Ⅴ)在体系 Ⅰ 中对应的 q_m 值分别为 6.311 7 mg/g、4.232 5 mg/g 和 2.841 3 mg/g，体系 Ⅱ 中的 q_m 值分别为

5.277 8 mg/g、3.445 9 mg/g 和 1.953 6 mg/g。可以看出，随着 SMT 的加入，无论在酸性
还是中性条件下 Sb(V) 的 q_m 值均有所下降。这可能是因为在吸附过程中，SMT 和 Sb(V)
同时竞争土壤表面的活性位点。在 pH 分别为 3.0、5.0 和 7.0 时，相应的 q_m 递减率分别
为 16.38%、18.58% 和 31.24%，可以看出随着 pH 的增加，q_m 的递减率明显增大，并且
q_m 在 pH 为 7.0 时的递减率明显大于 pH 为 3.0 或 5.0 时的递减率。

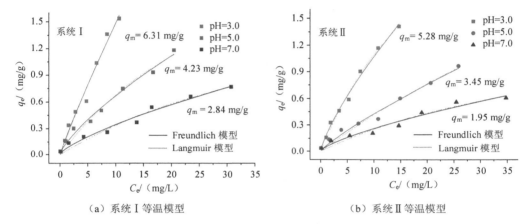

（a）系统 I 等温模型　　　　　　　　　　　（b）系统 II 等温模型

图 3-26　系统 I 和系统 II 吸附等温模型

表 3-14　不同 pH 条件下 Sb(V) 在系统 I 和系统 II 中的 Freundlich 等温模型参数

模型	pH	参数	系统 I	系统 II
Freundlich 模型	3.0	$K_F/\{mg/[L^{(1-1/n)} \cdot g]\}$	0.183 1	0.181 5
		n	1.099 8	1.297 5
		R^2	0.980 2	0.992 2
	5.0	$K_F/\{mg/[L^{(1-1/n)} \cdot g]\}$	0.121 4	0.071 7
		n	1.350 1	1.197 1
		R^2	0.984 6	0.976 9
	7.0	$K_F/\{mg/[L^{(1-1/n)} \cdot g]\}$	0.065 4	0.051 0
		n	1.385 1	1.408 2
		R^2	0.969 9	0.957 3

K_F 是与实际吸附容量相关的常数，其 K_F 的大小顺序与 q_m 一致（表 3-15）。根据 q_m
和 K_F 的值可以看出，系统 II 抑制 Sb(V) 在土壤中的吸附，这与之前的动力学实验结果
一致，即抗生素的存在抑制了吸附剂对金属离子的吸附。同样的结果也在其他文献中发

现，如 Pei 等研究发现，当溶液 pH 为 6.0～8.0 时，0.01 mol/L 的环丙沙星降低了高岭石对 Cu(Ⅱ)约 40%的吸附量。Yuan 等同样发现，随着土霉素浓度从 0 增加到 0.25 mmol/L，Pb(Ⅱ)在纳米羟基磷灰石上的 q_m 值从 736.87 mmol/kg 降低到 657.28 mmol/kg。

表 3-15　不同 pH 条件下 Sb(Ⅴ)在系统 Ⅰ 和系统 Ⅱ 中的 Langmuir 等温模型参数

模型	pH	参数	系统 Ⅰ	系统 Ⅱ
Langmuir 模型	3.0	q_m/ (mg/g)	6.311 7	5.277 8
		K_L/ (L/mg)	0.013 6	0.038 9
		R^2	0.979 1	0.981 5
	5.0	q_m/ (mg/g)	4.232 5	3.445 9
		K_L/ (L/mg)	0.027 6	0.009 2
		R^2	0.973 7	0.969 9
	7.0	q_m/ (mg/g)	2.841 3	1.953 6
		K_L/ (L/mg)	0.019 8	0.019 6
		R^2	0.959 3	0.948 3

3.2.8.2　SMT-Sb(Ⅴ)荧光光谱分析

为了解释 SMT 会如何影响黑土壤中 Sb(Ⅴ)的吸附特性，运用 3D-EEM 光谱来提供关于 SMT 和 SMT-Sb(Ⅴ)复合物的化学特性的整体荧光信息图像。在 pH 为 3.0［图 3-27（a）］、5.0［图 3-27（c）］和 7.0［图 3-27（e）］的 SMT 的 EEM 荧光光谱中，仅在激发波长和发射波长为 E_x/E_m = 285/350 nm 处观察到一个峰。可以看出，该峰的荧光强度从 300.65（pH = 3.0）增加到 337.78（pH = 5.0），然后在 pH 为 7.0 达到最大值（362.76）。原因可以归因于 SMT 的电离作用，即当系统的 pH 增加时，SMT 的官能团会经历连续电离，并且这些官能团的电离会破坏分子间氢键，从而导致有机化合物分子结构的膨胀和大量荧光基团的暴露，从而增强化合物的荧光强度。

在不同 pH 下，SMT + Sb(Ⅴ) 的 EEM 荧光光谱中同样也只有一个峰［图 3-27（b）、(d)、(f)］。SMT + Sb(Ⅴ)荧光峰的强度从 pH 为 3.0 的 360.87 增加到 pH 为 7.0 的 485.36，与 SMT 的荧光峰类似，除了荧光强度增加外，SMT + Sb(Ⅴ)的峰位置同样没有出现明显的位移。无论是在酸性还是中性条件下，与 SMT 的 EEM 荧光光谱相比，Sb(Ⅴ)的添加都能显著增强荧光强度。这些现象表明 SMT 与 Sb(Ⅴ)之间发生了反应，并且在 pH 为 7.0 时反应程度最强。已有文献证明，SMT 上的氨基和亚氨基是具有荧光特性的典型

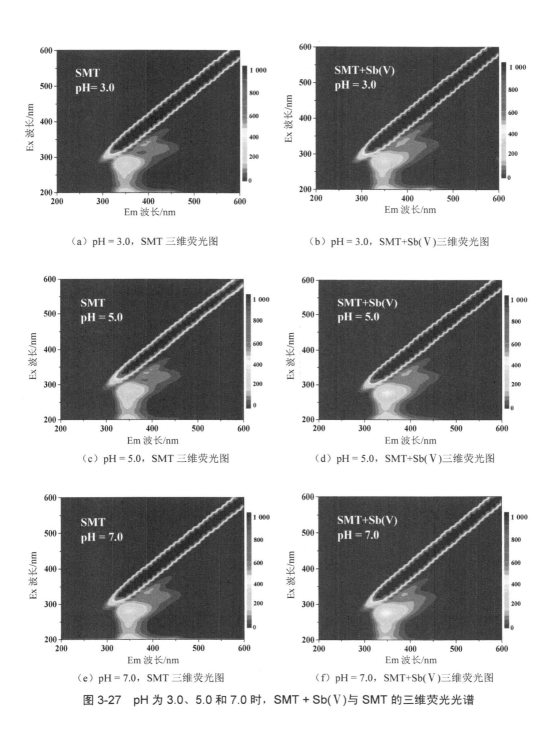

（a）pH = 3.0，SMT 三维荧光图　　　　　　（b）pH = 3.0，SMT+Sb(V)三维荧光图

（c）pH = 5.0，SMT 三维荧光图　　　　　　（d）pH = 5.0，SMT+Sb(V)三维荧光图

（e）pH = 7.0，SMT 三维荧光图　　　　　　（f）pH = 7.0，SMT+Sb(V)三维荧光图

图 3-27　pH 为 3.0、5.0 和 7.0 时，SMT + Sb(V)与 SMT 的三维荧光光谱

生色基团，可以随着 pH 的增加而被连续电离（图 3-28）。特别地，氨基和亚氨基的荧
光强度可能会由于与金属离子的结合而增强。因此，SMT + Sb(Ⅴ)混合物的荧光增强的
原因可能是 pH 升高导致 SMT 的官能团（如酸性官能团亚氨基）电离，从而促使 Sb(Ⅴ)
和 SMT 更容易发生反应，进而改变 SMT 的荧光光谱特征。研究表明当 SMT 分子处于
离子化状态时，有利于与金属离子的结合。因此，可以合理地推断 Sb(Ⅴ)很可能与—NH₂
和 N—H 基团发生结合从而形成络合物。

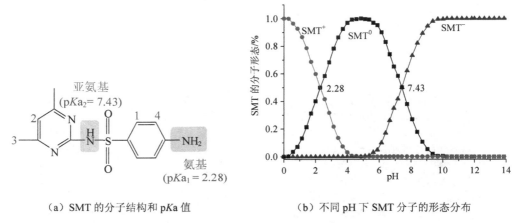

（a）SMT 的分子结构和 pKa 值　　　　（b）不同 pH 下 SMT 分子的形态分布

图 3-28　SMT 的分子结构以及形态分布

3.2.8.3　SMT-Sb(Ⅴ)紫外光谱分析

图 3-29 展示了在 3.0、5.0 和 7.0 的 pH 下不同 Sb(Ⅴ)浓度（0～200 mg/L）和 SMT
络合后的紫外吸收光谱，明显可以看出 SMT 在 262 nm 处出现一个较强的吸收峰。此
外图 3-29（c）、（d）还显示出在 pH 为 7.0 的在 310 nm 处出现一个等吸光点，表明 SMT
和 Sb(Ⅴ)在络合平衡状态下形成络合物。当有机配体和金属离子之间发生化学平衡反
应时，可以观察到等吸光点。在 pH 为 7.0 时仅发现一个等吸光点［图 3-29（d）］，这
表明 SMT 与 Sb(Ⅴ)之间的络合反应遵循 1∶1 的络合比。然而，在 3.0 和 5.0 的 pH 下
未观察到等吸光点［图 3-29（a）、（b）］，表明在酸性条件下 SMT 和 Sb(Ⅴ)之间的络
合反应强度相对较弱。此外如图 3-29（a）～（c）所示，在存在或不存在 Sb(Ⅴ)的情
况下，所有 SMT 吸收峰的峰位置均无明显变化和位移。同样的结果也在 Wu 等的研
究中报道，磺胺甲恶唑（SMX）和 Cu（Ⅱ）在 pH 为 1.0～6.5 时，以不同的 SMX/Cu²⁺

摩尔比发生络合反应。原因可能是由于 SMX-Cu 络合物的紫外吸收光谱是在恒定的 pH 条件下获得的，而且 SMX 的种类分布始终保持不变。随着 Sb(V)浓度的增加，UV-Vis 吸收光谱的峰强度也随之增加［图 3-29（a）～（c）］。因此，可以合理地推测吸收强度的增加是由于金属离子与有机配体之间的络合而不是由 SMT 形态分布的变化引起的。式（3-17）用于拟合 UV-Vis 数据以计算络合常数 K，根据计算得出在 pH 为 3.0、5.0 和 7.0 下拟合曲线的 R^2 值均大于 0.9，表明 SMT 和 Sb(V)可以在酸性和中性条件下发生络合反应。在 3.0、5.0 和 7.0 的 pH 时，络合常数 K 分别为 −3.48、−3.26 和 −3.15，K 值随 pH 的增加而增加，表明 SMT 和 Sb(V)的络合能力随 pH 的增加而增强。

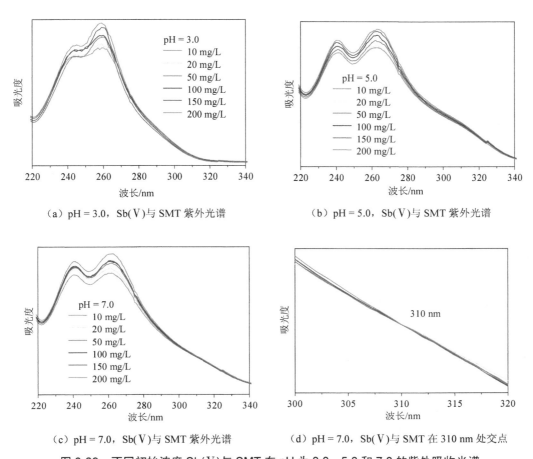

（a）pH = 3.0，Sb(V)与 SMT 紫外光谱　　　　（b）pH = 5.0，Sb(V)与 SMT 紫外光谱

（c）pH = 7.0，Sb(V)与 SMT 紫外光谱　　　　（d）pH = 7.0，Sb(V)与 SMT 在 310 nm 处交点

图 3-29　不同初始浓度 Sb(V)与 SMT 在 pH 为 3.0、5.0 和 7.0 的紫外吸收光谱

在 pH 为 3.0 时，约 20%的 SMT 以阳离子形式存在，80%以中性分子形式存在，而在 pH 为 5.0 时则几乎完全呈中性分子状态（图 3-29）。由于 Sb(Ⅴ)在 pH 为 3.0～7.0 时携带负电荷，因此可以推断出 SMT 和 Sb(Ⅴ)之间的静电吸引作用和阳离子-π 作用是两者最可能的络合机理。Mansour 等运用量子化学的方法获得的 SMT 分子静电势分布图（MEP）显示出适合于亲电或亲核攻击的负电势和正电势的局部区域，以及分子上可能发生氢键相互作用的区域。从该图可知，SMT 上最大的正静电势主要来源于苯环末端的—NH$_2$ 基团，较小程度上是由芳香环上部分的氢原子产生。因此，可以推断在 pH 为 3.0 和 5.0 的条件下，Sb(Ⅴ)很可能与 SMT 的—NH$_2$ 基团发生络合。然而，带有芳环的氨基具有从环结构中抽取电子的能力，导致芳环上电子缺乏，从而降低了与金属离子形成络合物的稳定性，这解释了酸性条件下 SMT 与 Sb(Ⅴ)之间的络合反应较弱的原因。此外，酸性条件下的氢离子（H$_3$O$^+$）可能与 Sb(Ⅴ)竞争络合位点，从而进一步削弱了在 pH 为 3.0 和 5.0 下 Sb(Ⅴ)与 SMT 的金属络合。

3.2.8.4　SMT-Sb(Ⅴ)红外光谱分析

SMT 分子包含苯氨基、亚氨基（N—H）和砜基（O=S=O），它们都可能是金属离子的结合位点。因此，为了进一步确定在酸性和中性条件下 SMT 对 Sb(Ⅴ)的络合位点，记录了波长为 4 000～1 000 cm^{-1} 的 FTIR 光谱（图 3-30）。如图 3-30 所示，顶线代表 SMT 本身，其中出现了 5 个以 3 448 cm^{-1}、3 350 cm^{-1}、3 268 cm^{-1}、1 315 cm^{-1} 和 1 143 cm^{-1} 为中心的主峰。其中 3 448 cm^{-1} 和 3 350 cm^{-1} 的峰分别对应于苯胺—NH$_2$ 基团的反对称拉伸振动和对称拉伸振动。在 pH 为 3.0 和 5.0 时，SMT + Sb(Ⅴ)混合物的红外光谱中这两个峰几乎消失，而在 pH 为 7.0 时，两峰的强度显著减弱。结果与 UV-Vis 光谱一致，这也证明了 SMT 的—NH$_2$ 基团与 Sb(Ⅴ)之间的络合反应在酸性条件下发生。3 268 cm^{-1} 处的峰表示 N—H 基团的拉伸振动，在 pH 为 7.0 时 SMT + Sb(Ⅴ)的红外光谱中该峰消失，但在 pH 为 3.0 和 5.0 时 SMT + Sb(Ⅴ)混合物的红外光谱中该峰仍然存在。结合 SMT 的结构特征，芳香胺基和磺酰氨基的 pKa 值分别为 2.28 和 7.42 可知，N—H 基团在中性和弱碱性条件下易于质子化。因此，可以判断 SMT 与 Sb(Ⅴ)之间的络合反应是由嘧啶环上的去质子化的氨基引发的，即 N—H 基团可能通过形成配位键与 Sb(Ⅴ)结合。这些结果进一步解释了络合反应在 pH 为 7.0 时最强的原因。1 315 cm^{-1} 和 1 143 cm^{-1} 处的峰分别对应 S=O 官能团的反对称拉伸振动和对称拉伸振动，但是 1 143 cm^{-1} 处的峰没有明显变化。与纯 SMT 相比，1 315 cm^{-1} 处的峰强度明显减弱，而在 pH 为 7.0 时，该峰强度增强，甚至峰位置也从 1 315 cm^{-1} 位移到 1 350 cm^{-1}。这些现象证明，SMT 中的 S=O 基团在 3.0、5.0 和 7.0 的 pH 下均能够与 Sb(V)发生络合。

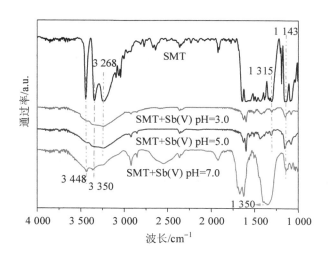

图 3-30　SMT 和 SMT + Sb(V)混合物在 pH 为 3.0、5.0 和 7.0 条件下的红外光谱

3.2.8.5　SMT-Sb(V)核磁共振分析

根据 FTIR 分析，在中性条件下 N—H 和 S=O 基团在 SMT 和 Sb(V)之间的络合反应中起到关键作用。Tang 等报道，在 pH = 7.0 时嘧啶环上的氮原子能与 Cd(Ⅱ)和 Pb(Ⅱ)形成络合物。因此，本研究利用 NMR 检测 Sb(V)是否也可以与 SMT 上嘧啶环上的氮原子发生络合。NMR 是通过测量化学位移变化和弛豫时间 T_1 来研究金属离子配位络合的常用方法，可以定量确定络合物的空间结构和络合常数。如果金属离子与有机配体络合，则有机配体的 ^{1}H 和 ^{13}C 光谱会移动，氢离子的 T_1 也将受到影响。Kock 等使用 NMR-T_1 方法揭示了与晶体结构相容的 Cu(Ⅱ)-山梨糖醇复合物的超分子结构，并确定了 Cu(Ⅱ)-山梨糖醇的络合位点和络合条件。Fang 等还通过 NMR 方法研究了 K$^+$/Ba^{2+}与短聚环氧乙烷（PEO）链之间的结合位点、结合强度和结合模式。

由于磺酰胺基上的氢离子以及苯环上氨基的氢离子属于活泼氢，因此，它们在氘代溶液中很容易被氘离子取代，这在实际测试中很难检测到。因此，测量了图 3-28（a）所示的四个位置处的氢离子，分别对应于表 3-16 中 1、2、3 和 4 的位置。可以观察到，

Sb(V)的添加增加了四个位置上氢离子的弛豫时间。特别地，第 2 位置的质子弛豫时间增量最明显（3.259～6.598）。Kock 等指出如果质子更靠近配位点，则 T_1 变化将最明显地增加。因此，可以判断最接近第 2 位置的嘧啶环上的氮原子在 pH 为 7.0 时可与 Sb(V)络合。

表 3-16   Sb(V)存在和不存在时 SMT 上各位点弛豫时间 T_1

位点	T_1			
	1	2	3	4
SMT	3.115	3.259	1.554	3.256
加入 Sb(V)	5.116	6.598	3.658	4.947
ΔT	2.001	3.341	2.104	1.691

3.2.8.6   结合能计算

VASP 计算结果表明四个官能团（—NH$_2$、S=O、N—H 和嘧啶环上的 N）从定量的角度被进一步证明是与 Sb(V)的结合位点。图 3-31（a）显示—NH$_2$ 与 Sb(V)之间的结合能最小，仅为 0.39 eV，这与 UV-Vis 分析的结果一致，即—NH$_2$ 与 Sb(V)之间的结合能由于芳香环上的电子缺乏而最弱。S=O 和 Sb(V)之间的结合能 [图 3-31（b）] 以及 N—H 和 Sb(V)之间的结合能 [图 3-31（c）] 分别被计算为 0.66 eV 和 1.37 eV。然而，嘧啶环上的 N 与 Sb(V)之间的结合最强，结合能经计算为 1.42 eV，比—NH$_2$ 和 Sb(V)之间的结合能高约 3.64 倍 [图 3-31（d）]。根据络合常数 K 和 NMR 的结果可以得出最强的络合作用是在 pH 为 7.0 时发生的，嘧啶环上的 N 与 Sb(V)的结合强度高于其他官能团。VASP 结合能的计算结果进一步证明了这一结论。此外，还观察到一个有趣的现象，即 N—H 和 Sb(V)之间的结合能以及嘧啶环上 N 和 Sb(V)之间的结合能相对接近，并且高于其他两个官能团，这就表明与嘧啶环相连的含氮官能团比其他官能团更能与 Sb(V)结合。同样的结果也在 Tang 等的研究中报道，即 SMT 携带的 N—H 基团和嘧啶环上的 N 原子对 Cd(Ⅱ)的结合和响应最强。

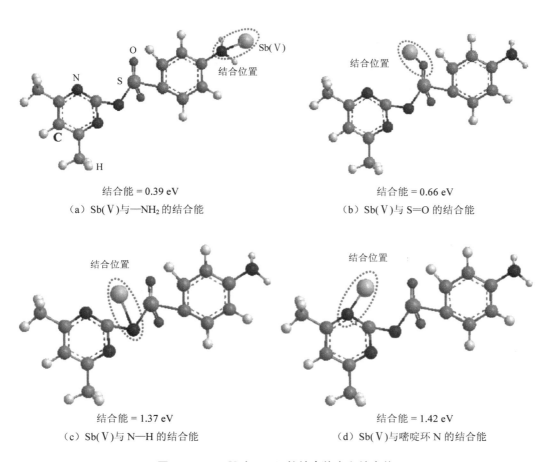

（a）Sb(V)与—NH₂ 的结合能

结合能 = 0.39 eV

（b）Sb(V)与 S=O 的结合能

结合能 = 0.66 eV

（c）Sb(V)与 N—H 的结合能

结合能 = 1.37 eV

（d）Sb(V)与嘧啶环 N 的结合能

结合能 = 1.42 eV

图 3-31　Sb(V)与 SMT 的结合位点和结合能

3.2.8.7　本节小结

本节研究了不同 pH 条件下 SMT 对黑土吸附 Sb(V)的影响，对比了在存在与不存在 SMT 的条件下，Sb(V)在黑土中吸附行为的不同，然后在此基础上，从两者络合反应的角度找出 SMT 导致不同 Sb(V)在黑土中吸附行为不同的原因，并在此基础上给出 Sb(V) 的环境风险评估。结果表明：

（1）添加 SMT 到吸附体系后，在所考察的 pH 范围内，Sb(V)从液体表面转移到土壤颗粒表面的传质速率和吸附能力均明显下降。在 pH 为 7.0 时，Sb(V)的 q_m 值的下降速率比 pH 为 3.0 或 5.0 时更显著。

（2）三维荧光光谱、紫外光谱、红外光谱以及核磁共振结果表明 SMT 上的—NH₂、

S=O、N—H 和嘧啶环上的 N 原子官能团都参与了 SMT-Sb(V)络合物的形成。络合常数 K 表明,中性条件下 Sb(V)与 SMT 的络合强度比酸性条件下强。酸性环境中 Sb(V)更容易与—NH$_2$ 基团结合,静电吸引和 cation-π 作用被认为是主要的络合机制;中性条件下,SMT 可以作为双齿配体,N—H 和嘧啶环上的 N 原子官能团能与 Sb(V)发生络合;而 S=O 官能团无论是在酸性还是中性条件下都能与 Sb(V)发生络合。

（3）SMT 与 Sb(V)结合位点之间的结合能在密度泛函理论（DFT）的框架下由 VASP 计算得出,四个官能团（—NH$_2$、S=O、N—H 和嘧啶环上的 N）和 Sb(V)之间的结合能分别为 0.39 eV、0.66 eV、1.37 eV 和 1.42 eV,进一步从定量的角度证明了不同官能团与 Sb(V)的结合强度。

这些发现不仅有助于从络合的角度更好地理解不同 pH 条件下 SMT 和 Sb(V)在黑土中的吸附行为,也可为进一步研究 Sb(V)在土壤中的环境行为提供基础知识。

3.3　土壤锑污染防治原理

3.3.1　土壤中锑的迁移转化机理

土壤中的锑主要源于岩石的风化、地表水迁移和大气的沉降。由于选矿、开采及自然扩散等原因,矿区周围的土壤中锑含量很高。Tighe 等测得澳大利亚的海滨漫滩土壤中的锑浓度为 1.8～18.1 μg/g,平均值为 9.9 μg/g,且锑的含量随深度增加而明显减少。在含锑矿床周围的土壤中,因包含有高度氧化的原生矿物颗粒和次生矿物,加上大气沉降以及污水的污染,使得矿区内的土壤中锑含量超高,有的甚至高达上千 μg/g。例如,我国湖南锡矿山矿区内的土壤中锑含量为 100.6～5 045 μg/g,远远超过土壤中锑的最大允许值 3.5 μg/g 或 5 μg/g。西班牙的 Extremadura 锑矿区的土壤中总锑含量达 225～2 449.8 μg/g。意大利的 Tuscany 地区的老锑矿区土壤中锑的含量最高达 15 000 μg/g。这些数据都表明矿区土壤中锑的污染相当严重。

在未污染的水体沉积物中,锑浓度一般为几个 μg/g,沉积物中的锑主要以 Sb(Ⅲ)、Sb(V)和有机锑形式存在。例如在墨西哥玻利维亚的拉巴斯滩湖表层沉积物中,锑含量为 0.02～5 μg/g;在该流域的一条干枯小河床的沉积物中,锑含量为 0.3～5.8 μg/g;在邻近城市的地方（＞5 μg/g）和潮汐水道处的沉积物中锑含量（1～3 μg/g）较高,可能和城市的交通运输有一定的关系。当水体被污染时，沉积物中的锑含量会明显增加，且矿区内河道中的沉积物中的锑浓度要高很多；同土壤一样，表层沉积物中的锑含量最高。

虽然土壤中的锑含量远远超过背景值，但可生物利用的锑却很少。例如西班牙的 Extremadura 的锑矿区土壤中总锑含量很高，但可生物利用的锑只有 1.37%～2.10%。德国的旧矿区污染土壤中可迁移至植物中的锑为 0.02～0.29 μg/g，占总锑的 0.59%。意大利 Tuscany 地区的老锑矿区土壤中锑的含量最高达 15 000 μg/g，但相应的水溶性的锑含量还不到 35 μg/g。在中国湖南锡矿山锑矿区附近，水田的含锑量要高于旱地土壤的含锑量。因此总体来说，土壤中锑的溶解性低，迁移能力差，生物利用率低。锑在土壤中的迁移、转化和生物利用率与锑的存在形态、吸附状态以及土壤的性质有关。锑在土壤中主要以低溶解性的硫化物形式存在，同时容易连接在土壤中不移动的 Fe 和 Al 的氧化物或有机物上，从而导致锑的迁移能力下降。富含有机质的酸性土壤对 Sb(V) 的吸附能力高于碱性土壤，富含氧化铁的土壤则相反；酸性土壤对 Sb(III) 的吸附能力要强于碱性土壤。同样地，能从沉积物中萃取出来的锑也很少，说明沉积物对锑的吸附能力很强，而这种吸附能力强烈地影响了锑在沉积物和水体之间的分配。

3.3.2　土壤锑污染防治原理

为了有效修复重金属锑污染土壤，人们通过减少污染物总浓度、降低其生物利用度、遏制重金属污染物扩散，从而实现环境改善。实际应用中，这些修复方法需要根据场地实际情况、土壤重金属锑的污染程度进行比选及确定。

土壤中重金属的形态受多种因素的影响，如有机质含量、土壤 pH、土壤孔隙率、碳酸盐含量、氧化还原电位、铁锰氧化物含量、黏土矿物含量、重金属种类等。物理或化学方法主要是利用土壤中重金属锑的不同形态，或通过化学反应将其中的结合态的锑进行螯合作用，形成可溶解性的重金属络合物，降低含锑重金属颗粒与土壤的黏性，从而从土壤中去除；或通过固化/稳定化反应将含锑重金属颗粒物包裹在固化物内部，从而降低土壤中重金属的迁移性。

土壤中锑存在形态以残渣态为主，其次是 Fe/Mn 结合态、有机/硫化物结合态和碳酸盐结合态，而可交换态和水溶态较少。在中等还原性土壤中，锑与相对不稳定的 Fe、

Al 水合氧化物结合；在有机质含量高的土壤中，锑很容易与土壤有机胶体相结合。腐殖酸对 Sb(Ⅲ)的吸附在低污染值下可达 50%，而当吸附量达到最大值时，吸附量反而随着锑浓度增大而减少。土壤中锑的迁移性比较低，但当锑以溶解态存在时，容易被植物吸收，并且参与必要的代谢物竞争，影响植物的正常生长。毒性较小的 Sb(Ⅴ) 很少被直接吸附在根茎表面，而毒性较大的 Sb(Ⅲ)可以直接吸附在根茎表面，被植物吸收。

3.4　土壤锑污染防治技术

3.4.1　土壤锑污染防治常用技术

3.4.1.1　物理/化学修复技术

1）土壤淋洗

土壤淋洗是通过逆转重金属在土壤中的离子吸附和重金属沉淀两种反应，使土壤中的重金属转移到土壤淋洗液中。此类方法的关键是淋洗剂的选择，淋洗剂的种类有无机提取剂、表面合性剂和有机螯合剂。经实验研究及实际工程经验，天然螯合剂对锑淋洗效果显著。研究结果表明，柠檬酸、醋酸等有机酸在不同浓度下对重金属污染土壤的淋洗效果随酸的浓度增加而增加。土壤淋洗的优点是快速、彻底，但成本较高，可能产生二次污染，适用于大面积、重度污染土壤的治理。

2）固化/稳定化技术

固化/稳定化技术通过固化剂调节和改变土壤理化性质，通过沉淀作用、吸附作用、配位作用、有机络合等作用改变土壤中重金属形态，降低其迁移性和生物有效性，进而达到土壤重金属稳定化目的。目前所使用的土壤调节材料主要有黏土矿物、金属氧化物、有机质、高分子聚合材料以及生物材料等，土壤固化/稳定化技术的对象包括有机污染物和重金属污染物。

3）氧化还原技术

氧化还原技术是指向土壤中添加氧化剂或还原剂，改变重金属在土壤中的存在形态，使重金属钝化或使污染物向无毒或毒性小的形态转变。目前，国内外研究的氧化剂主要有 H₂O₂、芬顿试剂［Fe(Ⅱ)/H₂O₂］及铁和锰的氢氧化物等；还原剂主要有还原性硫化物、还原性铁化物和还原性硫铁化物。其中过硫酸盐和零价铁是目前国内外应用最多的氧化/还原剂。

3.4.1.2　生物修复技术

1）植物修复技术

植物修复技术是指利用植物的新陈代谢活动来吸收、提取、分解、转化和固定土壤中的重金属。到目前为止，仅发现几种对锑具有超富集能力的植物和少数的耐受植物，一直没有发现关于锑的超富集植物。根据相关文献资料，报道了锑的主要富集植物有芒、狗牙根、臭椿、大叶黄杨、女贞、蜈蚣草、长叶车前草、大叶井口边草等，其中芒是一种类能源植物，是锑污染的理想修复材料。同时还发现苎麻作为当地的主要优势植物，具有适应能力极强、生长迅速以及生物量大等特点。

2）微生物修复技术

微生物对锑污染土壤中锑的迁移有重要的驱动作用，是具有极大发展潜力的生物修复技术。微生物修复技术是利用土壤中的藻类、细菌、真菌和古菌类生物对土壤中的重金属进行吸收、沉淀和氧化还原作用，将土壤中的重金属转化为毒性较低的价态。微生物修复锑污染土壤是通过筛选氧化或对锑具有抗性的微生物。国内外学者发现能氧化和抗锑的微生物的数量极少，仍需大量筛选氧化和抗锑的微生物，以期达到更理想的修复状态。微生物修复技术的特点是既能去除污染土壤中的有害物质，又能提高污染土壤的肥力、改善土壤结构，成本低，但修复时间长。

3）动物修复技术

动物修复技术是指利用土壤中的蚯蚓、蜈蚣、虫类和鼠类直接或间接分解、改善土壤理化性质，进而与植被、微生物相互作用达到修复锑污染土壤的目的。相较于微生物修复技术和植物修复技术的研究，国内外对土壤动物修复技术的研究较少。蚯蚓是利用其生理活动和植物的根系作用，使污染物在蚯蚓以及植物体内富集，再经过收集蚯蚓、蚯蚓粪便和表生植物，达到去除锑的目的。

3.4.1.3　联合修复技术

重金属污染场地固化-生态联合修复技术为赛恩斯环保股份有限公司重金属污染场

地修复核心技术，目前已成熟应用于各类重金属污染场地修复，适用于污染成分复杂、重金属易迁移，容易对周边环境和居民健康产生不利影响的重金属污染场地。

该技术先对污染土壤进行固化/稳定化处置，降低重金属的活性及迁移性能，再利用生态修复技术切断人群与重金属污染土壤的接触，降低土壤污染给人体带来的健康风险。同时针对不同种类的重金属污染如锑、镉、铅、锌、砷、铬等的土壤修复治理，经过实地勘察取样，结合大量的实验研究，研发了一系列的土壤修复剂，通过与土壤中重金属的物理化学反应形成稳定的重金属不溶物，将土壤中的重金属固定其中，降低其浸出毒性。复合型重金属污染土壤治理可采用叠加对应修复药剂。在场地重金属修复合格后再对场地进行生态修复，进一步降低对场地周边环境的不利影响。

3.4.2 土壤修复基本流程

本项目土壤修复基本流程参照《建设用地土壤修复技术导则》（HJ 25.4—2019）。

3.4.2.1 基本原则

1）科学性原则

采用科学的方法，综合考虑地块修复目标、土壤修复技术的处理效果、修复时间、修复成本、修复工程的环境影响等因素制定修复方案。

2）可行性原则

制定的地块土壤修复方案要合理可行，要在前期工作的基础上，针对地块的污染性质、程度、范围以及对人体健康或生态环境造成的危害，合理选择土壤修复技术，因地制宜制定修复方案，使修复目标可达，且修复工程切实可行。

3）安全性原则

制定地块土壤修复方案要确保地块修复工程实施安全，防止对施工人员、周边人群健康以及生态环境产生危害和二次污染。

3.4.2.2 工作程序

1）选择修复模式

在分析前期污染土壤污染状况调查和风险评估资料的基础上，根据地块特征条件、目标污染物、修复目标、修复范围和修复时间长短，选择确定地块修复总体思路。

2）筛选修复技术

根据地块的具体情况，按照确定的修复模式，筛选实用的土壤修复技术，开展必要的实验室小试和现场中试，或对土壤修复技术应用案例进行分析，从适用条件、对本地块土壤修复效果、成本和环境安全性等方面进行评估。

3）制定修复方案

根据确定的修复技术，制定土壤修复技术路线，确定土壤修复技术的工艺参数，估算地块土壤修复的工程量，提出初步修复方案。从主要技术指标、修复工程费用以及二次污染防治措施等方面进行方案可行性比选，确定经济、实用和可行的修复方案。

4）修复实施

根据制定的修复方案进行现场施工，施工方在污染土壤修复过程中，需严格按照业主和当地生态环境部门对该项目的管理要求，建立健全污染土壤修复工程质量监控体系，明确各级质量管理职责，通过增加技术保障措施、加强设备的运行管理、加强人员配置和污染土壤进出场管理等措施，确保该工程的污染土壤修复质量达到标准。

5）修复验收与后期管理

污染场地修复验收是在污染场地修复完成后，对场地内土壤和地下水进行调查和评价的过程，主要是通过文件审核、现场勘察、现场采样和检测分析等，进行场地修复效果评价，主要判断是否达到验收标准，若需开展后期管理，还应评估后期管理计划合理性及落实程度。在场地修复验收合格后，场地方可进入再利用开发程序，必要时需按后期管理计划进行长期监测和后期风险管理。

修复验收工作内容包括场地土壤清理情况验收、场地土壤修复情况验收，必要时还包括后期管理计划合理性及落实程度评估。后期管理是按照后期管理计划开展包括设备及工程的长期运行与维护、长期监测、长期存档与报告等制度、定期和不定期的回顾性检查等活动的过程。

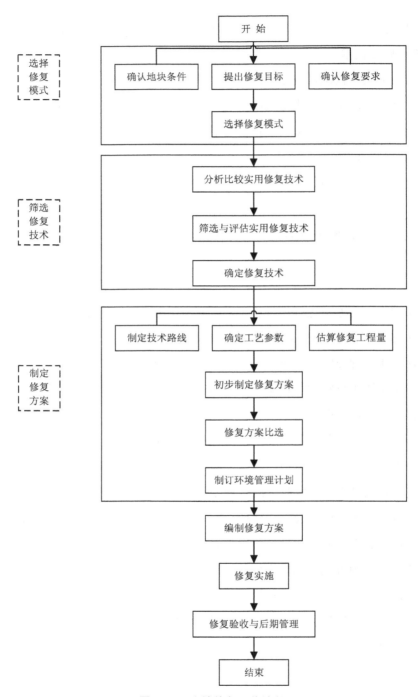

图 3-32　土壤修复工作流程

3.5 土壤锑污染防治技术应用实例

3.5.1 湖南某县锑矿采矿区锑等重金属污染修复工程案例

3.5.1.1 项目概况

湖南某县锑矿资源丰富，有上百年的锑矿开采历史，由于多年的私采滥挖，各锑矿开采区环境破坏严重，区域内遗留废渣堆放造成的荒地涉及范围大，堆存点分散，露天堆放，无植被覆盖，长期受雨水冲刷，大量有害污染因子进入当地土壤和地表水体，造成污染持续扩散。

3.5.1.2 项目治理路线

根据场调报告，项目现场遗留锑污染重度污染土壤 7 713.82 m³，中轻度污染土壤 2 218.98 m³ 及大量含锑废渣，项目遗留污染土壤亟待处置。本项目由赛恩斯环保股份有限公司负责实施，采用重金属污染场地固化-生态联合修复技术，重金属污染土壤治理思路及技术路线如图 3-33 所示。

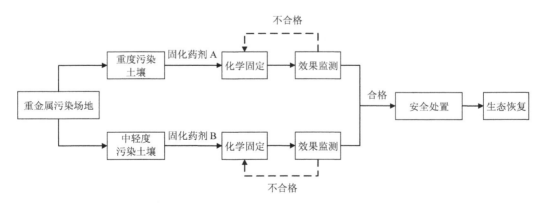

图 3-33 固化-生态联合修复技术修复场地技术路线

3.5.1.3 项目实施流程

本项目采用赛恩斯环保股份有限公司重金属污染场地固化-生态联合修复技术对场

地遗留的锑污染土壤进行修复。污染土壤经破碎和筛分，滤除大颗粒石块、树根后，针对不同污染程度，采用不同的固化药剂搅拌混合均匀，同时进行水分调节，使固化剂与土壤中的锑充分反应，再进行陈化养护；养护后土壤经检测分析，不合格部分再进行固化处理直至所有修复土壤合格；对原污染区进行种植土回填，然后整个区域进行土壤培肥，种植多种高抗重金属的植物，最终实现生态恢复。

3.5.1.4 项目治理效果

本项目的实施，通过对区域内锑等重金属污染进行风险管控，项目安全处置污染土壤 0.9 万 m^3，对项目区域内的污染进行管控，降低了锑、砷等重金属的活性迁移风险，进而减少了对附近地表径流的污染，改善了周边水域水质，为地方经济的繁荣、社会环境的进步作出了贡献。

3.5.2 原址异位固化/稳定化修复金属锑污染土壤工程实例

本工程实例引自文献《原址异位固化稳定化技术修复砷、锑污染土壤工程实例》。

3.5.2.1 项目概况

污染地块历史上为一家生产妇女生理用品以及妈咪宝贝婴儿用纸尿裤企业；2018 年原企业已拆迁退场，场地现状为拆迁、平整后的空地，局部长有荒草；场地内土层受到拆迁扰动，土质含碎石、砖块、垃圾等杂物；未来该地块将作为商业服务业及商务办公楼综合用地开发利用。

根据场地调查报告，在钻探 6.0 m 范围内揭露的土层主要由混凝土地面、填土、粉质黏土和砂质粉土与淤泥质粉质黏土互层土层组成。地块内地下水流向整体为自东北流向西南，地下水水位为 0.26～1.26 m。

根据场地风险评估报告，本项目共计有两个区域需要进行土壤修复，其中Ⅰ区污染物为重金属砷，最大浓度 28.4 mg/kg，清理目标值 20 mg/kg，修复深度为 0～1.5 m，污染土壤修复方量为 268.95 m^3；Ⅱ区污染物为重金属锑，最大浓度 22.7 mg/kg，清理目标值 6.67 mg/kg，修复深度为 0～1.5 m，污染土壤修复方量为 2 353.12 m^3。

根据修复技术方案，本项目土壤污染物为重金属砷、锑，修复总工期仅 30 日历天，同时考虑修复成本控制和技术可达性等因素，决定采用原址异位固化/稳定化技术作为修复技术。重金属污染土壤采用固化/稳定化技术进行修复时，主要是降低污染物的迁移能力，故采用浸出浓度来判断固化/稳定化修复效果。土壤中重金属的迁移途径主要包括雨水淋溶或地下水浸提，因此其浸出液需要满足《地下水质量标准》（GB/T 14848—2017）Ⅳ类水质标准，其中砷浸出限值 0.05 mg/L，锑浸出限值 0.01 mg/L。

3.5.2.2　项目实施

1）施工流程

原址异位固化/稳定化主要包括测量放线、场地平整、临时设施建设、污染土壤开挖短驳、筛分预处理、固化/稳定化处理、修复效果评估、外运资源化、基坑回填等工序。

2）修复药剂

根据修复技术方案，本项目砷污染土壤采用 1% $FeSO_4$＋5% CaO 进行修复，锑污染土壤采用 1% $Fe_2(SO_4)_3$＋5% CaO 进行修复。其中，铁盐作为稳定化药剂，使污染物转化为迁移性和毒性更低的形态；生石灰作为固化剂，通过将污染物包裹起来，使之呈颗粒状或者大板块存在，进而使污染物处于相对稳定的状态。

3）原址异位修复区建设

根据污染方量，本项目污染土壤修复区面积为 1 200 m²，作为固化/稳定化修复场所和处理后土壤的养护场所。首先采用挖掘机对地面进行平整、压实，去除空地上的杂物，以便防渗层的铺设及污染土壤的堆放；地面清理后由下至上分别铺设 200 g/m² 的土工布和 1.5 mmHDPE 膜做防渗处理，四周砌筑 400 mm 高的围堰。

4）污染土壤开挖及筛分处理

本项目土壤最大开挖深度为 1.5 m 且土质紧密，故选择垂直开挖的方式，采用挖掘机一次性反铲挖掘到底，挖掘装车后短驳至修复区进行后续处置。本场地开挖区域的污染土壤以杂填土为主，含碎石、砖块、钢筋等建筑垃圾。首先利用挖机对挖掘出的污土进行预筛分，将过大的石块初筛分离，随后采用专业筛分设备，对混有碎石和小型杂物的土壤进行筛分处理，经筛分后的土壤最大粒径不超过 50 mm。

5）固化/稳定化处理

传统固化/稳定化修复作业多采用挖机进行，常产生药剂与土壤混合不均匀的情况。本项目采用土壤修复一体化设备，能高效地实现药剂与土壤的充分混合与反应（图 3-34）。该设备主要由土壤、药剂传输系统以及破碎、搅拌系统组成，通过能瞬间疏松并完美混合的切土刀＋三轴旋转破碎锤＋后破碎刀的工艺，将土壤颗粒充分粉碎，同时与药剂充分混合。

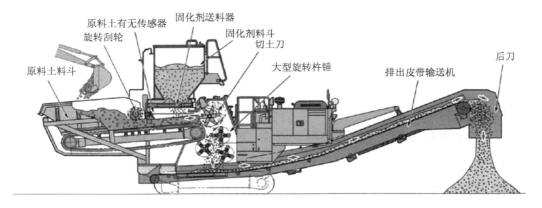

图 3-34　土壤修复一体化设备

筛分处理后的土壤首先进行稳定化处理，采用挖机将污染土送入土壤修复一体化设备进料口，利用土壤修复一体化设备进行土壤破碎以及稳定化药剂的定量充分混合，利用挖掘机将出料口修复完成的净土摊平。稳定化处理过程，砷污染土壤消耗 $FeSO_4$ 5 t，锑污染土壤消耗 $Fe_2(SO_4)_3$ 40 t。污染土壤稳定化处理静置 1 d，再进行固化剂添加。固化剂的添加与稳定化药剂添加相同，其中砷污染土壤消耗 CaO 25 t，锑污染土壤消耗 CaO 200 t。经固化/稳定化处理后的土壤养护 3 d，其间控制土壤含水率在 30% 左右。

6）修复效果评估

养护结束后，对修复后的土壤进行修复效果评估。根据《污染地块风险管控与土壤修复效果评估技术导则》（HJ 25.5—2018），修复后土壤原则上每个采样单元（每个样品代表的土方量）不应超过 500 m^3。本项目中，Ⅱ区锑污染修复后土壤共采集 6 个土壤样品及 1 个平行样送有资质的第三方实验室进行浸出浓度检测，浸出方法参考《固体废物　浸出毒性浸出方法　硫酸硝酸法》（HJ/T 299—2007）。具体检测结果见表 3-17。由表 3-17 可知，Ⅱ区的污染土壤经固化/稳定化处理后，重金属浸出浓度均低于浸出限值，满足修复要求。

表 3-17　修复土污染物浸出浓度

区域	污染物	样品名称	浸出浓度/（mg/L）	浸出限值/（mg/L）
Ⅱ区	锑	R1	0.000 4	0.01
		R2	0.000 2	
		R3	0.000 5	
		R4	0.000 5	
		R5	0.000 7	
		R5-P	0.000 4	
		R6	0.000 5	

7）修复达标土处置

修复后经效果评估达标的土壤，外运资源化利用，作为附近某道路路基材料消纳使用，原基坑外购净土回填压实供后期开发利用。

3.5.2.3　本节小结

（1）Ⅱ区污染物为重金属锑，最大浓度 22.7 mg/kg，清理目标值 6.67 mg/kg，修复深度为 0～1.5 m，污染土壤修复方量为 2 353.12 m^3。

（2）本项目采用原址异位固化/稳定化技术作为修复技术，锑污染土壤采用 1% Fe$_2$(SO$_4$)$_3$+5% CaO 进行修复。

（3）本项目Ⅱ区的含锑污染土壤经固化/稳定化处理后，重金属浸出浓度均低于浸出限值，满足修复要求；修复后经检验达标的土壤，外运资源化利用，作为附近某道路路基材料消纳使用。

第4章
含锑废渣处置技术与典型案例

4.1 概述

4.1.1 含锑废渣来源及性质

我国的锑产量主要分布在湖南、云南、广西等省（区），三省（区）产量占到总产量的90%。1965年，冷水江锡矿山采用鼓风炉造渣挥发熔炼工艺技术，并首先实现锑生产工业化。该工艺现已成为我国的主要炼锑技术之一，从而奠定了我国炼锑技术水平在世界领先的优势地位。我国锑产量占到全世界的80%~90%。近年来，我国锑冶炼技术更是取得了长足的进步，在鼓风炉挥发熔炼的基础上进行了一系列的创新改造。例如在节能环保方面的改进尤为突出：鼓风炉的炉型结构大型化，取消前床；普遍使用烟气脱硫装置；粗锑精炼方面发明了除铅剂和快速除砷剂并普遍推广使用。锑冶炼工艺技术的最新进展是富氧鼓风炉挥发熔炼，鼓风炉炉床面积扩大，使用28%的富氧浓度，可以大大提高熔炼强度，显著降低焦炭消耗，减少烟气量。

我国锑冶炼产能日益增加的同时，在采、选、冶各生产环节中产生的含锑废渣亟须安全处置的问题也日益引起人们的关注。不仅在锑冶炼行业，其他有色冶炼领域，如铅、锌、铜冶炼，在对锑伴生的矿物进行粗炼及含锑电解液进行电解精炼的过程中，都会产生含锑废渣。

根据含锑废渣产生的环节，大体可分为以下几种：

（1）采矿产生的含锑废石。受锑矿类型和锑品位差异影响，含锑废石中锑的溶出特性会有所差异，采矿产生的废水中锑的浓度变化较大。有关调研表明，通过对十几家采矿企业调研监测分析，采矿外排废水中锑浓度为 0.2～13.9 mg/L。

（2）选矿产生的含锑尾砂。同采矿含锑废石特性，选矿尾砂中锑的溶出也存在一定的差异。根据有关调研分析，对十几家选矿企业的废水进行监测，未经沉淀处理外排的含锑废水中锑浓度为 58.9～86.5 mg/L。

（3）粗炼过程产生的高锑砷烟灰。这是一种高品位含锑物料，具有较高的资源回收价值，但锑、砷均以氧化物形态伴生，有效分离回收困难。

（4）锑粗炼产生的砷碱渣。火法炼锑流程中，粗锑精炼时，为了脱除粗锑中的杂质砷，目前基本上采用加入碳酸钠或氢氧化钠在反射炉内进行，这样必然产生砷酸钠、锑酸钠的碱性渣，通称砷碱渣，也叫一次砷碱渣。大多数砷碱渣返回熔炼回收其中的有价金属，进而产生金属含量更低的二次砷碱渣，多采用建库储存的方式处理。

（5）砷碱渣的浸出渣。对砷碱渣进行综合利用过程中，砷碱渣采用浸出方法进行锑、砷分离，回收锑后，产生含锑、砷的浸出渣。

（6）焙烧炉渣、鼓风炉挥发熔炼渣。渣量较大，其主要成分是 FeO、CaO、SiO_2 及少量 Al_2O_3、Sb_2O_3。一般是采用水淬法破碎，然后销售至水泥厂作硅、铁补充剂。

（7）高温烟气脱硫含锑石膏渣。以硫酸钙、亚硫酸钙为主要成分，含有微量锑、砷，小型锑冶炼厂多堆存于渣场。

（8）湿法电解过程产生的含锑阳极泥。包括铜、铅、锌等电解精炼过程在阳极端产生含锑的废渣，锑含量在 30% 以上，具有较高的资源回收价值。

（9）含锑废水处理产生的含锑泥渣。含难溶锑酸盐、锑氧化物，碱性较高。

4.1.2　含锑废渣污染现状

含锑废渣种类较多，其中以锑冶炼行业砷碱渣产生量最大、毒性最大，环境污染风险最大。天然存在的锑矿中多伴生有砷，工业上往往利用其（砷与锑的高价氧化物）热力学趋势差异的原理，产生含锑 3%～5%、含砷 5%～10% 的砷碱渣。

锑的冶炼过程主要包括挥发焙烧（熔炼）、还原熔炼和碱性精炼三个过程。在挥发焙烧（熔炼）过程中，锑和砷分别被氧化成 Sb_2O_3 和 As_2O_3，它们以蒸气的形式挥发进入炉气中，经冷却及收尘等处理后，得到粉末状的中间产品氧化锑（俗称"锑氧"）；在还原熔炼过程中，Sb_2O_3 和 As_2O_3 被还原成单质锑和砷，砷会进入粗锑中；在碱性精炼过程中，通常采用碳酸钠鼓风去除粗锑中的砷，主要反应为

$$As + O_2 + Na_2CO_3 \longrightarrow Na_2AsO_3 + CO_2 \uparrow$$

$$Sb + O_2 + Na_2CO_3 \longrightarrow Na_3SbO_3 + CO_2 \uparrow$$

若初始阶段氧化不完全，则会夹带有 Sb_2S_3 以及 As_2S_3，因此，在碱性精炼过程中还会发生下列反应：

$$Sb_2S_3 + Na_2CO_3 + O_2 \longrightarrow Na_3SbO_3 + Na_2SO_4 + CO_2 \uparrow$$

$$As_2S_3 + Na_2CO_3 + O_2 \longrightarrow Na_3AsO_3 + Na_2SO_4 + CO_2 \uparrow$$

在此过程中形成的浮于锑液表面的炉渣能够被去除，这种碱性且含有砷的浮渣被称为砷碱渣。企业会对含锑较高的砷碱渣进行二次回收，产出渣称为"二次砷碱渣"。二次砷碱渣中含锑为 10%，砷为 4%～10%。由上述方法所产生的炉渣可统称为"老砷碱渣"，每生产 1 万 t 精锑，相应地就会产生 0.1 万 t 的老砷碱渣。老砷碱渣中一般含锑 30%～40%，含砷 3%～9%，总碱度为 20%～30%。

砷碱渣含有大量的锑盐、砷盐，极易溶于水，是有色冶炼产生的典型的含锑、砷危险废物，处置不当会对周边的生态环境造成严重的污染，给人体健康带来极大的影响。而目前，一些小型冶炼厂并没有妥善地处理及堆放砷碱渣，随意露天堆放，很可能会发生泄漏，其中的有害物质通过水体系统与食物链，给环境与人体带来了极大的潜在危害，重则会导致人或者动物的死亡。国内有多起有关砷碱渣处理不当引起泄漏从而引起严重人员伤亡的报道。例如，百余年来，湖南锡矿山地区历史遗留的含重金属废渣达 7 500 余万 t，其中砷碱渣 15 万余 t，野外混合砷碱渣 60 万 t，对环境安全影响极大。1961 年，湖南冷水江市锡矿山发生砷碱渣泄漏特大意外事件，导致 200 多人中毒，7 人死亡；1996 年，锡矿山地区七里江铁矿附近的几家私营冶炼厂，由于砷碱渣的乱堆乱放，致使山下的井水被污染，造成附近 300 多名居民中毒；近十余年来，为解决堆存在锡矿山区域历史遗留固体废物问题，冷水江市政府投资近 6 亿元，兴建了 26 座废渣集中管控填埋场，安全处置了 7 400 万 t 一般固体废物、60 万 t 野外混合砷碱渣，对责任主体灭失矿山和石漠化山体进行植被恢复，累计建成防污抗污林 1.1 万亩、矿区复绿示范基地 2 万亩，

完成已关闭矿山企业和 47 家关闭煤矿覆土绿化。另外，1998 年 4 月，常德某锑冶炼厂乱堆砷碱渣，给附近及下游的良田带来极大的危害。2001 年 5 月，贵州某县炼锑厂因碱泡渣泄漏，导致 334 名村民发生砷中毒。因此，含锑废渣必须按照国家标准、规范及时进行处理处置，避免造成不可挽回的环境污染事件。

4.1.3　含锑废渣处置技术标准与规范

依据《国家危险废物名录（2021 年版）》，"锑金属及粗氧化锑生产过程中产生的熔渣和集（除）尘装置收集的粉尘"（废物代码：261-046-27）和"氧化锑生产过程中产生的熔渣"（废物代码：261-048-27）均属于"HW27 含锑废物"类危险废物；"铅锌冶炼过程中，锌浸出液净化产生的净化渣，包括锌粉-黄药法、砷盐法、反向锑盐法、铅锑合金锌粉法等工艺除铜、锑、镉、钴、镍等杂质过程中产生的废渣"（废物代码：321-008-48）属于"HW48 有色金属采选和冶炼废物"类危险废物，危险特性均为"T"，即对生态环境和人体健康具有有害影响的毒性。以上含锑危险废物，其收集、贮存、运输、利用、处理处置等，均应该按照国家相关标准与规范执行，包括《危险废物污染防治技术政策》（环发〔2001〕199 号）、《危险废物经营许可证管理办法》《危险废物贮存污染控制标准》（GB 18597—2023）、《危险废物转移联单管理办法》《危险废物处置工程技术导则》（HJ 2042—2014）、《危险废物收集　贮存　运输技术规范》（HJ 2025—2012）、《危险废物填埋污染控制标准》（GB 18598—2019）、《危险废物识别标志设置技术规范》（HJ 1276—2022）、《危险废物管理计划和管理台账制定技术导则》（HJ 1259—2022）等。

根据《危险废物鉴别标准通则》（GB 5085.7—2019），具有毒性危险特性的危险废物与其他物质混合，导致危险特性扩散到其他物质中，混合后的固体废物属于危险废物；具有毒性危险特性的危险废物利用过程产生的固体废物，经鉴别不再具有危险特性的，不属于危险废物；除国家有关法规、标准另有规定的外，具有毒性危险特性的危险废物处置后产生的固体废物，仍属于危险废物。

对不明确是否具有危险特性的含锑固体废物，应当按照国家规定的危险废物鉴别标准和鉴别方法予以认定。经鉴别具有危险特性的，属于危险废物，应当根据其主要有害成分和危险特性确定所属废物类别，并按代码"900-000-XX"（XX 为危险废物类别代码）进行归类管理。经鉴别不具有危险特性的，不属于危险废物，按照相应的国家相关规定进行收集、贮存、运输、利用、处理处置。

4.2　含锑废渣处置原理

4.2.1　含锑废渣中锑的形态转变规律

锑主要存在负三价、零价、正三价、正五价四个价态，锑的主要污染源分为天然源和人为源，以人为源为主，也主要以正三价和正五价价态存在于环境中。各种价态的锑化合物在环境中能够发生相互转化，不同形态的锑化合物毒性不同，其毒性顺序依次是 SbH_3＞$Sb(Ⅲ)$＞$Sb(Ⅴ)$＞甲基态锑。锑主要以 Sb_2S_3（辉锑矿）和 Sb_2O_3（锑华）形式存在，还能够以自然锑、硫化物和锑酸盐等多种锑化物形式存在，具有高度活动性和化学性质多样性。锑是一种亲铜元素，对硫元素和铜、铅、银等金属有很强的亲缘性。锑也可以与 $Cl{=}$、$OH{=}$ 等阴离子结合。目前存在 100 多种含锑矿物，包括锑的硫化物、硫盐、氧化物和锑酸盐等。锑可以与卤素形成 SbF_3、SbF_5、$SbCl_3$、$SbCl_5$ 等类型化合物，又可以形成 SbF_4、SbF_5 之类的络合阴离子团，还可以形成 $Sb(OH)_6^-$、$SbOCl$ 之类的含氧基或羟基络合物。

锑的溶解度与温度、盐度、pH 和氧逸度有关。有学者研究表明，$Sb(Ⅲ)$ 容易被空气中的氧气和过氧化氢氧化为 $Sb(Ⅴ)$，而悬浮颗粒物中的铁、锰的氧化物会产生协同作用加速氧化，最终水解成高价态的锑，而高价态的锑氧化物或锑酸盐正是含锑废渣中锑得以稳定的理想形态。

4.2.2　常用处理技术原理概述

目前，含锑废渣稳定化处理技术原理大同小异，均是将可溶性的锑盐转化成难溶的锑化物，或者进一步利用专性吸附，或物理包裹作用，进一步降低锑的溶出迁移率，最终实现含锑废渣的安全处置。典型的处理技术原理有如下几种：

（1）常规药剂固化/稳定化技术原理：利用药剂形成难溶硫化物和难溶氢氧化物、锑酸盐、砷酸盐等低溶解度无定形化合物，降低锑、砷迁移率，降低浸出毒性。反应方程式为

$$2HSbO_3 + Ca(OH)_2 \longrightarrow Ca(SbO_3)_2 + 2H_2O$$

（2）胶凝包裹技术原理：利用固化剂的水化反应、有机聚合反应、无机聚合反应形

成致密的包覆结构，降低锑、砷迁移率，降低浸出毒性。水化以后的胶凝材料形成与岩石性能相近的、整体的钙铝硅酸盐的坚硬晶体结构。废物被掺入胶凝材料的基质中，在一定条件下，经过物理的、化学的作用更进一步减少它们在废物-胶凝材料基质中的迁移率。以水泥水化过程为例，水化反应如下：

$$3CaO \cdot SiO_2 + nH_2O == xCaO \cdot SiO_2 \cdot yH_2O + (3-x)Ca(OH)_2$$

由上可知，硅酸三钙水化，硅酸三钙在常温下的水化反应生成水化硅酸钙（C-S-H 凝胶）和氢氧化钙。水化硅酸钙（C-S-H 凝胶）的组成与它所处液相的 $Ca(OH)_2$ 浓度有关，其 CaO/SiO_2 摩尔比（简写为 C/S）和 H_2O/SiO_2 摩尔比（简写为 H/S）都在较大范围内变动。

（3）矿化处理技术原理：通过加入复合矿化剂，在外场机械力的协同作用下，使废渣中的锑转化形成稳定的含锑矿物和其他稳定的形态，从而降低含锑废渣中锑的迁移率，实现含锑废渣的稳定化处理。

4.3　含锑废渣处置技术

我国针对含锑废物的处理处置方法主要有资源化综合利用和固化/稳定化联合填埋处置两个领域。

4.3.1　资源化利用技术

依据资源化利用技术原理和产能特点，将资源化利用技术分为火法分离回收、湿法分离回收、选冶联合综合利用和水泥窑协同处置利用 4 个方向。

4.3.1.1　火法分离回收

火法冶炼工艺是通过焙烧的方式，将砷碱渣中的砷氧化成三氧化二砷，或者通过鼓风炉熔炼或反射炉熔炼法，将粗三氧化二砷还原精炼制成单质砷，其工艺流程为在鼓风炉中将砷碱渣进行烟化后得到产物高砷锑氧，然后进入反射炉中进行还原精炼，将高砷锑氧进行还原得到高砷锑，经除铁工序后烧铸成表面光洁的成品销售。

火法处理砷碱渣工艺操作简单、生产设备简易、品质高、成本较低、批量处理方便，但其缺点也不容忽视。例如在精炼、反射炉出锑等几个环节中，存在扯泡现象，致使砷锑烟尘进入作业环境中，对呼吸道等人体器官造成极大的危害；炉料熔融环节存在"沸腾"现象，会对工作人员的身体健康产生很大的潜在危害；同时火法工艺自动化程度普遍偏低，投资成本较高，而且火法工艺对砷、锑含量较低的废渣适用性并不强。

4.3.1.2   湿法分离回收

湿法处理原理是利用砷碱渣中砷酸盐易溶于水，而锑盐不溶于水的性质，将砷碱渣浸出分离锑、砷。砷进入溶液中，然后利用离子交换或者化学沉淀法等方法对溶液中的砷作进一步处理，将砷固化或者制备砷产品，锑进入渣中，形成富锑渣回炉冶炼。主要技术包括以下几种：

1）碱浸氧化锑砷分离

采用硫化钠浸出-氧化工艺对高砷锑烟灰进行综合回收，以硫化钠作浸提剂，在强碱性环境下砷的浸出率可达 98%，锑的浸出率可达 94%，向浸出液中加入氧化剂可实现砷、锑的分离，且砷和锑可分别制备成焦锑酸钠和砷酸钠产品。

（1）浸出反应

$$Sb_2O_3 + 6Na_2S + 3H_2O \longrightarrow 2Na_3SbS_3 + 6NaOH$$

$$As_2O_3 + 6Na_2S + 3H_2O \longrightarrow 2Na_3AsS_3 + 6NaOH$$

（2）氧化反应

$$Na_3SbS_3 + 氧化剂 \longrightarrow Na_3SbO_4 \downarrow + H_2O + S \downarrow$$

$$Na_3SbO_4 + H_2O \longrightarrow NaSbO_3 \cdot 3H_2O \downarrow + 2NaOH$$

$$Na_3AsS_3 + 氧化剂 \longrightarrow Na_3AsO_4 \downarrow + H_2O + S \downarrow$$

（3）酸洗反应

$$NaSbO_3 + HCl \longrightarrow HSbO_3 + NaCl$$

$$Na_3AsO_4 + HCl \longrightarrow H_3AsO_3 + 3NaCl$$

（4）中和反应

$$HSbO_3 + NaOH \longrightarrow NaSbO_3 + H_2O$$

利用含锑废渣制备化学原料，其中利用锑渣制备锑酸钠，工艺流程如图 4-1 所示。

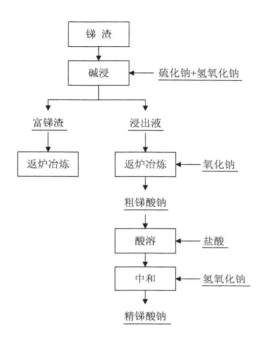

图 4-1　锑渣制备锑酸钠工艺流程

有研究表明，砷碱渣经过浸出，将含硫烟气、硫化钠等低价硫化物通入含砷废液中，经过脱砷、硫酸铁深度除砷、净化浓缩干燥等过程，锑回收率可达 99%，砷回收率超过 90%，二氧化硫吸收率为 95%，得到副产品亚硫酸钠。

砷碱渣在 80℃下，搅拌约 2 h 后浸出脱锑；在脱锑后液中通入二氧化碳气体，脱除碳酸盐；调整脱碱后液的 pH，在酸性条件下加入适量的硫化钠脱除砷。该工艺锑和铅的回收率可分别达到 99.0% 和 99.6%；砷、碱和硫酸钠的浸出率可分别达到 90%、99% 和 100%；碳酸盐中碱含量达到 95%，砷含量在 1% 左右；砷硫化物中砷含量达到 37%；在脱砷过程中产生的少量硫化氢可采用氢氧化钠溶液吸收，吸收液可返回脱砷系统。

2）水浸-酸浸法

可采用水浸和酸浸来实现砷碱渣中砷、锑的浸出分离，得到可作为工业原料的氯化锑溶液。当水浸固液比为 1∶6，浸出温度为 40℃，时间为 40 min 时，锑的浸出率低于 3%，砷的浸出率为 99%；酸浸时，控制盐酸浓度为 6 mol/L，固液比为 1∶10，浸出温度为 60℃，时间为 30 min，锑的浸出率能够达到 88%，通过水浸与酸浸后，锑的直接回收率最终能达到 85.36%。

3）CO_2 + 硫化钠法

砷碱渣浸出液加入反应釜内，在 40℃、中性条件下通入 CO_2 气体搅拌脱碱过滤，得到的碳酸盐重新返回锑冶炼，脱碱液则进入下一步脱砷工序；在 60℃和酸性条件下向脱碱液中加入硫化钠和硫酸溶液搅拌进行脱砷，得到砷的硫化物沉淀，脱砷液最后进入脱硫酸根工序；通过向脱砷液中加入氢氧化钡溶液使硫酸根沉淀，析出硫酸钡沉淀，脱完硫酸根后溶液再返回浸出脱锑工序。该工艺流程如图 4-2 所示。

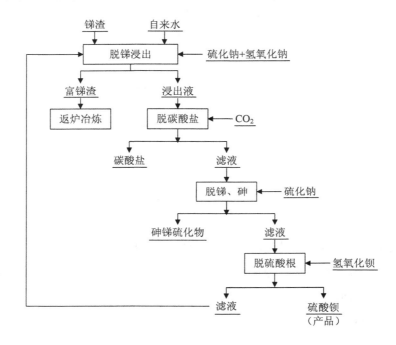

图 4-2　"CO_2 + 硫化钠"综合资源利用工艺流程

4.3.1.3　选冶联合综合利用

利用砷碱渣中砷、锑分布形态，借鉴选矿、冶炼现有成熟的工艺技术，将砷碱渣破碎、筛分，经球磨达到一定粒径大小后，采用重选的方式，将含锑渣选出，锑得到富集，作为新锑矿返回锑粗炼工序，从而实现砷碱渣中锑、砷重选分离和锑的资源利用的目的。该方法工艺相对简单，设备成熟稳定，是砷碱渣中锑、砷分离值得推荐的预处理方法。

由于砷碱渣中含有大量的氢氧化钠和碳酸钠，因此，可通过补充 CO_2，使二者转化为结晶效率更好的碳酸氢钠产品，最终再返回锑粗炼工序，这是砷碱渣中钠盐开路及回收较好的工艺路线。

4.3.1.4　水泥窑协同处置利用

　　水泥窑协同处置是指将含锑废渣,如含锑废石、含锑炉渣等作为替代原料加入生料或作为混合材料加入熟料中从而实现工业固体废物的协同处置,是大宗工业固体废物综合利用的主要途径之一。水泥窑是发达国家焚烧处理固体废物的重要设施,得到了广泛的认可和应用。德国、瑞士、法国、英国、意大利、挪威、瑞典、美国、加拿大、日本等发达国家利用水泥窑处置固体废物已经有 30 多年的历史,积累了丰富的经验。随着水泥窑焚烧废物的理论与实践的发展及各国相关环保法规的健全,该项技术在经济和环保两方面显示出了巨大优势,取得了良好的社会效益、环境效益和经济效益。

4.3.2　固化/稳定化技术

　　简单的填埋并不能降低含锑废渣的危害,容易造成二次污染,必须先将含锑废渣中的有害物质进行固化/稳定化处理后再进行填埋,以降低或隔绝其毒性。针对含锑废渣的固化/稳定化处理,可选用的方法有传统药剂稳定化技术、水泥或类地聚合物胶凝包裹固化技术、药剂稳定化与包裹固化联合处理技术,以及新型矿化稳定化处理技术。

4.3.2.1　传统药剂稳定化技术

　　1）钙盐法

　　钙盐法主要是利用含锑废渣中锑盐、砷盐在水溶液中能与石灰或电石渣等含钙氧化物相互作用,生成低溶解度的钙盐。

　　有研究表明采用热水浸出,能够使砷碱渣中 96%以上的锑留在浸出渣中,97%以上的砷溶入浸出液中,从而使得锑和砷能够较好地分离,然后再采用熟石灰使浸出液中锑、砷沉淀分离。当浸出温度为 85℃,钙与锑、砷摩尔比超过 1.85 时,可使 95%以上的锑、砷沉淀。

　　钙盐沉淀法处理砷碱渣,其最大优点是成本较低、处理工艺简单。其缺点是,钙盐法脱锑、砷效果并不是很理想,钙盐浓度需要远远过量,才能使锑、砷含量降低到国家标准限值要求,这需要消耗过量的钙盐,因此钙砷渣量大,也很难处理与利用,需要专门的贮存库房进行堆放或填埋处置,处置成本较高。

2）铁盐法

铁盐法主要是利用铁盐在水溶液中很容易形成吸附能力强的 $Fe(OH)_3$ 胶体，通过吸附共沉淀的方式去除污染物。由于铁盐价格低廉容易获得，因此该方法的运行成本较低。

有研究表明，当溶液中的 pH 为 2.5，铁/砷摩尔比为 2.5 时，反应时间为 2 h，温度为 30℃，搅拌强度为 300 r/min，初始砷浓度为 2 g/L 时，处理效果十分显著，出水中砷的含量低于 0.5 mg/L，此时出水中锑的含量低于 1.0 mg/L。

铁盐沉淀受限因素众多，如难以过滤的氢氧化铁，难以处理的砷铁渣，受各因素影响的吸附共沉淀反应等，都成了其广泛应用的限制因素。

3）硫化法

硫化法的原理主要是通过向含锑的酸性溶液中加入硫化物，使其与溶液中锑结合生成硫化锑沉淀。

4.3.2.2　胶凝包裹固化技术

1）水泥、类地聚合物固化技术

胶凝包裹固化就是以具有水化反应或聚合反应的特性材料为胶凝剂将重金属废渣进行微观包裹固化的一种处理方法，胶凝剂有水泥及粉煤灰、炉渣等类地聚合物。通过胶凝包裹作用，使含锑废渣微粒被完整且具有一定强度地包覆，因此，即使固化体破裂或粉碎并浸入水中，也可减少锑迁移和浸出。

胶凝包裹固化技术适用于无机类型的废物，包括含锑废渣等工业重金属废渣。由于胶凝材料所具有的高 pH，使得大部分重金属（如锑、铜、锌、铅等）形成不溶性的氢氧化物或碳酸盐形式而被固定在固化体致密的结构网中。

胶凝材料固化工艺简单，设备和运行费用低，但固化体的锑浸出率较高，需做涂层处理；胶凝材料固化体的增容比较高；有的废物需进行预处理和投加添加剂，使处理费用增高。

2）塑性材料包裹固化

塑性材料固化按使用材料性能不同可分为热固性材料固化和热塑性材料固化，常用的是热塑性材料固化。热塑性材料固化就是用熔融的热塑性物质（沥青、石蜡、聚乙烯、聚丙烯等）在高温下与含锑废渣混合，以达到对锑稳定化解毒的目的。目前，国内外最常用的热塑性固化技术是沥青固化技术。

沥青固化是以沥青类材料作为固化剂，与含锑废物在一定的温度下均匀混合，产生皂化反应，使锑等有害物质包容在沥青中形成固化体，从而得到稳定。沥青属于憎水性物质，完整的沥青固化体具有优良的防水性能，以及良好的黏结性和化学稳定性，而且对于大多数酸和碱有较高的耐腐蚀性，所以沥青固化具有较好的稳定性。用于含锑废渣包裹固化的沥青可以是直馏沥青、氧化沥青、乳化沥青等。沥青固化的工艺主要包括 3 个部分，即固体废物的预处理、废物与沥青的热混合以及二次蒸汽的净化处理。其中关键的部分是热混合环节。

热塑性材料固化的优点是固化体的浸出率低于其他固化法，增容比小；固化对溶液有良好的阻隔性，对微生物具有强抗侵蚀性。其缺点就是热塑材料价格昂贵，操作复杂，设备费用高。

3）熔融固化

熔融固化技术也称为玻璃固化技术。此法是将待处理的含锑废石、炉渣等与细小的玻璃质，如玻璃屑、玻璃粉混合，经混合造粒成型后，在高温下熔融形成玻璃固化体，借助玻璃体的致密结晶结构确保固化体的永久稳定。

熔融固化需要将大量物料加温到熔点以上，无论是采用电力还是其他燃料，需要的能源和费用都是相当高的。但是相较于其他处理技术，熔融固化的最大优点是可以得到高质量的建筑材料。因此，在进行废物的熔融固化处理时，除必须达到环境指标以外，还应充分注意熔融体的强度、耐酸碱性甚至外观等对建筑材料的全面要求。

熔融固化的优点是所形成的玻璃态物质比胶凝材料固化物的耐久性更高、抗渗性更好、耐酸性腐蚀更强，因为废物的成分已成为玻璃的一个组分，玻璃固化体的浸出率最低，废物的增容比不大。此法的缺点是工艺复杂，设备材质要求高，处理成本高。应用推广受到一定的限制。

4）自胶结固化技术

自胶结固化是利用含锑废渣自身的胶结特性来达到固化目的的方法。该技术主要用来处理含有大量硅、钙、铝等元素的废渣，如含锑废石、含锑尾砂、含锑炉渣、含锑脱硫石膏、烟道气脱硫含锑废渣等。

自胶结固化法的主要优点是工艺简单，不需要加入大量添加剂。

4.3.2.3 联合处理技术

常规联合处理技术多以水泥作为胶凝包裹固化材料，掺以石灰、PFS 等稳定化药剂进行处理，经处理后 3～28 d 内，固化体浸出毒性低于《危险废物填埋场污染控制标准》（GB 18598—2019）规定的限值。工艺流程如图 4-3 所示。

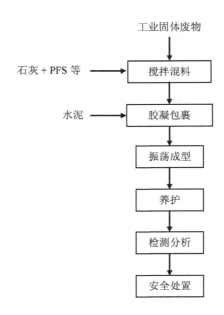

图 4-3　联合处理技术工艺流程

该技术虽工艺简单，但也存在一些不可忽视的问题，如养护时间长、占地面积大，固化后增容比大，进入安全填埋场造成库容浪费；另外由于水泥固化以胶凝包裹形式为主，易产生反溶，须对渗滤液再次处理等。因此工业化运用成本高，且不能稳定达标，易产生二次污染，同时固化体硬度高，不利于以后的二次开发利用。

4.3.2.4 新型矿化稳定化处理技术

近几年出现了一种新型的固化/稳定化处理技术，即矿化稳定化处理技术。该技术采用复合矿化剂，利用药剂中的活性解离和矿化组分，在外加机械力场的协同作用下，将含锑废渣及其他有色重金属废渣中不稳定的重金属化合物和其他有害成分破坏，使之发生形态转变、晶格重组、配位吸附等物理化学作用，重新矿化形成低浸出毒性和长期稳定的含重金属矿物,同时利用药剂的酸碱缓冲基团,使处理后的物料浸出毒性和腐蚀性等危险特性指标满足相关标准要求。

该技术创新之处在于对传统药剂进行了改性与活化,强化了药剂有效成分,能够大大提高含锑废渣中锑、砷的稳定形态转变效率,并且可以联合胶凝包裹固化协同处理,搭配多样的聚合胶凝包裹组分,使最终的产物形成具有网络包裹的致密结构,从而实现含锑废渣的无害化。

4.4　含锑废渣处置技术应用实例

砷碱渣一直都是锑冶炼生产中的世界性难题,缺少行之有效的处置技术。自 20 世纪 60 年代开始,众多学者对砷碱渣综合利用技术进行了初探与工程应用。某环保企业研发的矿化稳定化处理砷碱渣新技术实现了工业化应用,效果良好。

4.4.1　湖南某企业砷碱渣资源及无害化处理工程应用实例

该企业集地质勘探、采、选、冶、运输、机械修造及金属深加工于一体,拥有国际领先的金属锑选矿和冶炼精细分离技术。公司拥有 30 t/a 黄金提纯生产线、2 万 t/a 精锑冶炼生产线、2 万 t/a 多品种氧化锑生产线、5 000 t/a 仲钨酸铵生产线等。企业冶炼每年产生砷碱渣 3 000 余 t,若不断修建库房进行堆放,会造成生产及管理成本的增加,砷碱渣中的锑、砷及其化合物有剧毒,且易溶于水,若保管不善极易引起砷污染事件。

为了实现砷碱渣的资源化、减量化和无害化,经过企业联合高校进行一系列的技术研发,研发出一套砷碱渣综合利用技术,该技术分为 4 个工序:砷碱渣浸出工序—高砷废水脱锑砷工序—尾水深度处理工序—含锑砷渣无害化处理工序,建立了砷碱渣综合利用生产线。该生产线集多个工艺技术于一身,在技术方面具有较高的可靠性和先进性。该生产线于 2015 年年底建成,2016 年年初正式生产,截至 2021 年,系统仍在稳定生产运行中。项目处理规模 4 000 t/a 砷碱渣,15 000 m³/a 浸泡液和约 4 000 t/a 含砷污泥。从近 6 年运行情况来看,该项目采用工艺相对成熟稳定,值得借鉴推广。

该生产线选择"自然浸泡 + 辅助破碎 + 自然沥干"的砷碱渣处理工艺。如图 4-4 所示,浸泡渣富含锑,砷含量低于 3%,返回锑冶炼炉,浸泡液采用"生物制剂协同氧化处理技术"进行深度脱砷,脱砷后液回用,脱砷产生的含砷污泥采用"矿化解毒-胶凝固砷"技术，处理后的含砷固化体，其浸出毒性等指标均满足国家填埋标准要求，并且固化体强度不低于 10 MPa。

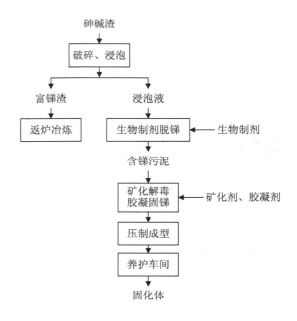

图 4-4   砷碱渣浸出工艺

"生物制剂协同氧化"处理工艺说明：

砷碱渣浸出液经收集进入调节池进行水质水量调节，同时设置应急池，用于对进水进行储存及在其他应急情况下对废水进行临时储存。调节后废水经三段脱锑、砷处理后，送入压滤机，压滤液进入收集池，在收集池中加入硫酸回调 pH 至 6～9，从而实现锑、砷、铅等污染物的深度脱除。压滤后的泥饼进入储泥仓库，进行后续处理。

"矿化解毒-胶凝固锑"处理工艺说明：

湖南某企业含砷废渣处理包括 4 个步骤：矿化解毒反应、胶凝混料以及液压成型和养护。储泥仓库储存的含砷废渣经皮带输送至搅拌槽，在搅拌槽中首先进行矿化解毒反应。向搅拌槽中均匀投加矿化剂，同时设置防尘装备。向搅拌槽中投加胶凝剂，强制搅拌，保证胶凝剂和废渣混合均匀、反应完全。经过固化解毒处理后的胶凝混合料，进入液压成型系统，压制成型。经过液压成型的砖块运送至养护车间进行养护处理。养护过程中应避免阳光直射。

"生物制剂协同氧化工艺"反应釜　　　　　　"生物制剂协同氧化工艺"压滤机

"矿化解毒-胶凝固锑"矿化解毒设备系统　　　　　生产的固化体

图 4-5　含砷废渣处理工艺现场生产现状

4.4.2　湖南某地区砷碱渣资源及无害化处理工程应用实例

湖南某地区存在大量历史遗留砷碱渣及混合渣,为了消除集中渣库的 15 万 t 历史遗留砷碱渣对环境的影响,当地市政府于 2019 年 9 月正式启动项目扩能提质改造工作,组织省内知名高校、科研院所和企业展开联合技术攻关。最终设计项目处理能力为 2 万 t/a,全年连续生产。

项目采用破碎、筛分、湿法球磨、摇床重选回收粗锑渣,尾渣浆加热浸出,浸出液氧化脱锑，脱锑产生的锑酸钠外销，脱锑后液碱性脱砷产生的高砷渣进入刚性填埋场进行填埋处置，含锑浸出渣进入矿化稳定化处理系统，浸出渣解毒处理后进入柔性填埋场进行填埋处置，工艺流程如图 4-6 所示。

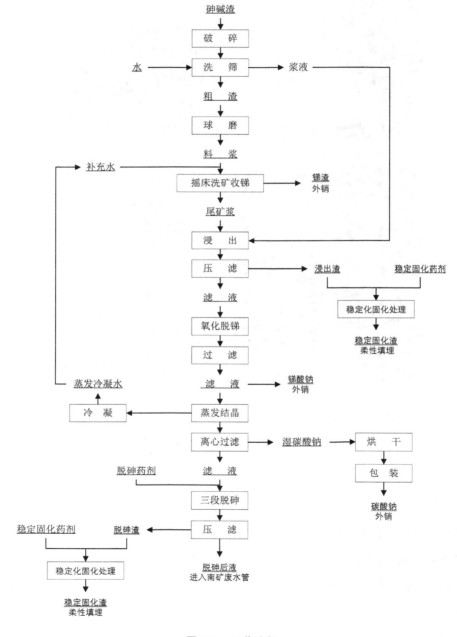

图 4-6　工艺流程

该项目于 2020 年正式投入生产，历史遗留的砷碱渣中锑含量为 2%～5%，砷含量为 4%～10%，碱含量为 40%～45%，通过处理后每年产生锑酸钠 76.5 t，摇床锑渣 300 t 左右，有效进行了锑资源的回收。浸出后的含锑浸出渣锑浸出毒性高达 150 mg/L，通过固化/稳定化处理后锑浸出毒性降至 10 mg/L 以下。

4.4.3　湖南某区历史遗留锑污染修复工程案例

4.4.3.1　项目概况

湖南某区矿产资源丰富，已发现矿产 32 种（含亚种），金属矿产中，锑矿有产地 21 处并伴生铅、锌。某区锑矿开采历史悠久，私挖滥采现象严重，使其自然生态和山体环境遭到不同程度的破坏。常年的锑矿开采遗留了大量的含锑废渣和废矿洞于高山陡壁的采矿区，且未采取任何防护设施。受常年雨水冲刷，大量历史遗留的含锑废渣沉积至下游河道，难以彻底清除，锑元素不断释放，长期影响下游水质。经调查，该区有无主废渣共计 3.8 万 m³，全部为一般 II 类固体废物，主要污染因子为锑和砷。

本项目含锑废渣采用水泥窑协同处置工艺，水泥窑协同处置具有以下工艺优势：

（1）可利用现有工业设施，不增加土地，环境扰动小，建设投资相对较少；

（2）按照性能与特点，不同的固体废物可以分别用作水泥行业的混合材料、替代原料或替代燃料，物尽其用；

（3）水泥窑协同处置固体废物不仅能够实现固体废物减量化和资源化，还能促使水泥行业向绿色环保产业发展。

项目所在县境内有一大型水泥厂具备水泥窑协同处置的能力，且经县政府协商后，免除该区域历史遗留含锑废渣处置接收费，能够彻底将区域内的历史遗留废渣治理完善，杜绝该区域的环境风险，并且不会产生后续费用。

4.4.3.2　协同处置可行性分析

1）水泥窑协同处置固体废物基本论述

水泥窑协同处置是指将工业固体废物作为替代原料加入生料或作为混合材料加入熟料中从而实现工业固体废物的协同处置，是大宗工业固体废物综合利用的主要途径之一。对于本项目含锑废渣的处置，水泥协同处置主要的问题在于废气中重金属的控制。

含锑废渣主要成分分析如表 4-1 所示，可见重金属元素中砷、锑含量较高。根据《水泥窑协同处置固体废物环境保护技术规范编制说明》中重金属的挥发特性，可将重金属分为 4 个等级（表 4-2），根据分级结果，砷、锑为半挥发性重金属，因此，水泥窑协同处置单位在进行含锑废渣协同处置时，须制定专项方案，防止二次污染。

表 4-1　锑矿渣化学成分分析

主要成分/	LOSS	SiO₂	Al₂O₃	Fe₂O₃	CaO	MgO	其他	Σ
%	7.43	83.89	2.48	2.26	1.62	1.18	1.14	100
微量元素/	砷（As）	镉（Cd）	铬（Cr）	铜（Cu）	锰（Mn）	镍（Ni）	铅（Pb）	锑（Sb）
(mg/kg)	1 867.90	2.21	218.78	74.39	444.85	64.09	61.10	2 108.50

表 4-2　微量元素在水泥窑中的挥发等级

等级	元素	冷凝温度/℃
不挥发	Ba、Be、Cr、Ni、V、Al、Ti、Ca、Fe、Mn、Cu、Ag	—
半挥发	As、Sb、Cd、Pb、Se、Zn、K、Na	700～900
易挥发	Tl	450～550
高挥发	Hg	<250

2）水泥窑协同处置固体废物可行性分析

（1）水泥窑协同处置固体废物技术成熟可靠

水泥窑协同处置固体废物技术经多年的研究和实践，随着国家政策对水泥窑协同处置固体废物、危险废物的鼓励，加上日益成熟的技术，传统水泥生产企业纷纷涉足固体废物处置。同时，环保企业也纷纷联手水泥企业，实现强强联合，共同推进水泥窑协同处置产业，该技术目前已广泛应用于市场上。在 2017 年 12 月举行的全国水泥窑协同处置创新发展大会上获悉，全国已建成水泥窑协同处置线约 80 条，全国利用水泥窑协同处置危险废物核准能力超过 150 万 t/a。

（2）二次污染防治措施分析

根据《水泥窑协同处置固体废物污染物控制标准》（GB 30485—2013）编制说明，由水泥生产所需的常规原燃料和废物带入窑内的重金属在窑内部分随烟气排入大气，部分进入熟料，部分在窑内不断循环累积。根据重金属的挥发特性，可将重金属分为不挥发、半挥发、易挥发、高挥发 4 类。不挥发类元素 99.9%以上被结合到熟料中；半挥发类元素在窑和预热器系统内形成内循环，最终几乎全部进入熟料。根据分级结果，砷、锑为半挥发性重金属，最终几乎全部进入熟料，并被固化在水泥中，只有微量重金属进入飞灰和废气中，通过烟气处理系统实现达标排放。

本项目的实施，降低了锑、砷等重金属的活性迁移风险，进而减小了对附近地表径流的污染，改善了水质，有效降低了水库入水口断面重金属污染均值，对保障人民群众身体健康，促进经济、社会与环境全面协调发展具有重要意义。

—— 第5章 ——
锑污染事件应急工程技术与
典型案例

5.1 概述

饮用水安全关系群众健康，影响和谐社会的构建与发展。2011 年 6 月，广东省发生了韶关武江河乐昌段锑污染事件；2015 年 11 月，位于陇南市西和县的甘肃陇星锑业有限责任公司尾矿库发生泄漏，造成跨甘肃、陕西、四川三省的突发环境事件，对沿线部分群众生产生活用水造成了一定影响，并直接威胁到四川省广元市西湾水厂供水安全。本节主要介绍水环境锑污染的应急工程技术。

5.2 锑污染事件应急处置总体思路

以甘陕川嘉陵江突发锑污染事件应急处置为例。2015 年 11 月 23 日 21 时左右，陇南市西和县甘肃陇星锑业有限责任公司（以下简称陇星锑业）选矿厂尾矿库溢流井水面下约 6 m 处的拱圈盖板破裂，导致溢流井周围大量尾矿浆流入太石河。太石河经西汉水，最终汇入嘉陵江。太石河至嘉陵江陕西段没有饮用水取水点，嘉陵江四川广元段设有饮用水取水点，事发点距甘肃和陕西省交界处约 120 km。该事件特征污染物主要为锑，为确保嘉陵江四川广元段饮水安全，在事件发生以后，在生态环境部统一协调下，甘肃、陕西、四川三省各级政府组织各方力量加紧开展了应急处置工作。

5.2.1　应急目标

采取一切可行措施，千方百计减轻事故对嘉陵江河段及陕、川两省交界断面下游河段的污染程度，确保水团进入嘉陵江四川省界内锑浓度控制在 0.02 mg/L 以下，通过实施水厂应急改造，确保水厂供水水质全面浓度达标（锑≤0.005 mg/L），将事故对社会的扰动程度控制在最小。

5.2.2　应急总体思路

由生态环境部牵头，会同水利部、住房和城乡建设部等部门共同组建事件处置协调指挥部，指导甘肃省、陕西省、四川省分别成立事故应急处置指挥部，同时，成立应急专家组，调动各方力量，统一思想，统一指挥，分工协作，准确判别污染物泄漏总量，通过定点监测及现场巡测相结合的方法，正确掌握此次事件锑浓度超标的发展过程和态势；准确了解、评估各种工程措施的处置效果，为及时调整应急措施提供可靠支撑。采取一切可采取的措施，在甘肃省境内重点实施污染源阻断工程，全面清除外泄入河床的沉积物，筑坝控制下泄流量；在陕西省西汉水河段，利用葫芦头电站阻缓污染水团下泄，实施河道投药除锑；在嘉陵江段，利用巨亭水电站库容，调控干流上游来水和区间支流补水回蓄，降低污染物峰值浓度；在四川省对广元市以嘉陵江为水源的自来水厂启动应急改造，确保嘉陵江沿江各地达标供水；统筹各类应急措施，在应急处置中不断优化总体方案；正确引导舆论，将此次事故环境影响、经济影响、社会影响降低到最小。

处置原则：三省联动，统一目标，协调行动；甘肃阻断，陕西削污，四川保水；信息公开，降低影响，消除风险。

5.2.3　具体措施

5.2.3.1　源头工程阻断

严格切断上游污染源，组织封堵溢流井，防止溢流井内尾矿浆继续泄漏，确保无污染物继续入河。

5.2.3.2　工程除锑

因嘉陵江流域当时属枯水季节，水利调度降低污染负荷能力有限，同时为控制下游水库与截流区域正常水位，必须在西汉水采取原位应急工程削污措施：在太石河和西汉水（葫芦头水库后）各设置 2 套应急处置系统，并各预备 1 套应急处置系统，从源头降低来水污染物浓度，从而减轻下游水库蓄水压力，为下游水库合理地开关闸门提供基础保障。在坝前通过盐酸或硫酸调节 pH 后投加铁盐，利用库区良好的水利条件实施沉降，将水体中溶解态锑通过沉降转移到底泥中。

5.2.3.3　调水削峰

水利工程调度运用作为处置突发性水污染事件的重要手段，具有独特优势，已在北江镉污染、龙江镉污染等突发环境事件中得到了广泛的应用。在原位削沉锑污染物前提下，针对太石河与西汉水以及嘉陵江流量变化情况，制订合理的水库水位调节计划，通过合理开关水库闸门，减少单位时间进入下游的污染物总量，为下游组织实施应急处置措施赢得了时间。同时将原有集聚的污染团稀释、分段，形成连续、低浓度波峰，通过投药与河流自然沉降作用，保障川陕交界断面在应急工作进行期间可以达到世界卫生组织饮用水推荐值（锑≤0.02 mg/L）。

5.2.3.4　水厂应急运行，确保供水安全

在嘉陵江四川广元段，对没有备用水源的自来水厂启动水厂应急改造，确保自来水厂出水锑≤0.005 mg/L，同时启用备用水源，确保沿线达标供水。

5.2.3.5　各省总体布置

1）甘肃省

源头工程阻断，组织封堵溢流井，防止溢流井内尾矿浆继续泄漏，确保无污染物继续入河；同时清理沉降在事故源附近太谷河床的泥渣。

2）陕西省

在西汉水（葫芦头水库后）设置 2 套应急处置系统，并预备 1 套应急处置系统，进一步降低上游来水污染物浓度，利用构筑临时水工土坝形成的良好水利条件实施沉降，

将水体中溶解态锑通过沉降转移到底泥中。利用西汉水、嘉陵江流量，调控控制断面流量，使污染物浓度控制在超标 4 倍以内。

3）四川省

调控控制断面流量并同时启动自来水厂应急运行；控制嘉陵江平均流量，污染物浓度控制在超标 2 倍以内，并逐渐达标；对没有备用水源的自来水厂启动水厂应急改造，确保自来水厂出水锑≤0.005 mg/L，另启用备用水源，确保沿线达标供水。

5.2.3.6　信息公开，舆论引导

应对污染事故，既是防止污染造成人体健康与生态损害的过程，更是维护社会稳定的过程。按目前态势分析，本次事故处在可控范围，主要污染河段在西汉江及嘉陵江陕西段，通过实施切实有效的应急处置措施，能够降低污染危害程度，不会发生可观测到的环境健康损害。因此，应及时将事件处置情况向社会公开，同时合理引导舆论，稳定社会情绪，避免非理性应激行为，保障正常社会经济秩序，保证居民正常生活。

5.2.3.7　生态环境影响后评估，消除风险

对于事件的污染以及事件应急过程中采取的措施对水生态环境产生的影响，以及污染事件造成的经济损失与社会影响等，有必要进行全面的调查研究和评估，并在此基础上提出可行的河流生态修复措施。开展环境突发事件环境损害与生态环境影响后续评估工作，消除社会各界对本次事件造成的生态影响的担忧。

5.3　锑污染事件应急工程技术与原理

针对水环境锑污染，在河道处置过程中，应优先截断污染源并选用水利措施。一方面，通过封堵、拦截等方式，将高浓度含锑废水控制在某一特定区域内，以缩小影响范围，也为后续工程措施的实施创造条件；另一方面，通过调水稀释等途径，对少量锑超标的河水进行稀释，确保下游河流生态安全和沿岸居民的饮水安全。针对低浓度含锑废水，在必要条件下，可利用河道中的构筑物，采用应急工程处置措施。适用的应急工程处置技术主要包括强化铁盐混凝沉淀法和弱酸性铁盐混凝沉淀法等。

5.3.1　强化铁盐混凝沉淀法

强化铁盐混凝沉淀法是工业含锑废水处理的主要工艺之一，以加入硫酸亚铁为例，其工艺流程为在一定的温度和 pH 条件下，向含锑废水中加入硫酸亚铁，同时鼓入空气，硫酸亚铁氧化生成氢氧化铁。由于锑酸盐能够与硫酸亚铁和氢氧化铁生成不溶于水的沉淀物，同时胶态氢氧化铁具有吸附作用，能使细小的其他颗粒也发生沉淀。针对锑矿废水污染应急处置，开展了强化铁盐混凝沉淀法实验研究。

5.3.1.1　实验方法

1）筛选实验方法

取 100 mL 质量浓度为 5 mg/L 的锑标准使用液于 250 mL 的烧杯中，投加一定量的混凝剂，在六联电动搅拌器上，以 150 r/min 的速度搅拌 3 min，再以 40 r/min 的速度搅拌 30 min，将水样转移至 100 mL 的直型量筒中静置沉降，90 min 后取液面下 2～3 cm 处的上清液，用原子吸收分光光度计（日本岛津 AA-6300C）测定水中锑离子质量浓度。

2）不同铁盐混凝实验方法

同 1）（筛选实验方法），第一次搅拌后，加石灰乳调节 pH 为 8～9，投加一定量的聚丙烯酰胺。上清液用同样的方法进行二级混凝沉淀处理。考虑到检测限的问题，两次处理后的锑离子质量浓度均采用原子荧光分光光度计（Perkin-Elmer AAS-800）测定。

3）深度处理实验方法

取 100 mL 质量浓度为 3.840 0 mg/L 的实地锑矿井原水，置于 250 mL 的烧杯中，投加一定量的聚合硫酸铁和石灰乳，以 150 r/min 的速度搅拌 3 min，投加一定量的聚丙烯酰胺，以 40 r/min 的速度搅拌 3 min，静置沉降 90 min 后测定锑离子质量浓度。上清液进行二级混凝沉淀处理，先投加 100 mg/L 的硫化钠，以 200 r/min 的速度搅拌 5 min，投加一定量的聚合硫酸铁、石灰乳和聚丙烯酰胺，以 150 r/min 的速度搅拌 5 min，40 r/min 的速度搅拌 30 min，静置沉降 90 min 后测定水中锑离子质量浓度。二级混凝上清液过 0.45 μm 滤膜。3 次处理上清液质量浓度均采用原子荧光分光光度计测定。

5.3.1.2　结果与讨论

1）应急处置物质的筛选

为了找到最适宜的除锑应急物质和方法，先进行了一次筛选实验。选用市场上能采购到且常用的混凝药剂或物质进行实验研究。目的是从多种应急物质中筛选出除锑效果较好的几种应急物质。这些应急物质有氯化铁（$FeCl_3$）、聚合硫酸铁（PFS）、硫酸亚铁（$FeSO_4$）、活性炭粉（AC）、硅藻土粉（Dia）、蒙脱石粉（Mon）、高岭沸石粉（Zeo），应急物质的投加量为 500 mg/L。其实验结果如图 5-1 所示。

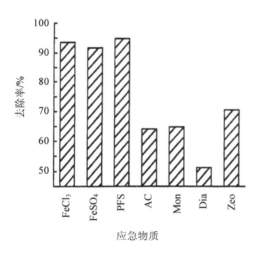

图 5-1　不同应急物质的除锑效果

从图 5-1 可以看出，3 种铁盐的除锑效果明显优于其余几种应急物质，去除率均达到 90%，其余几类应急物质去除率只有 50%～70%。铁盐对含锑废水具有良好的除锑效果。这可能归因于金属铁盐水解及聚合过程中产生了各种不同的络合物交联体和胶态氢氧化物的低、高聚合体，因而具有较强的吸附、黏结和沉降能力，最终达到混凝效果。

2）不同铁盐混凝剂对含锑废水的处理

由表 5-1 可知，3 种铁盐都有良好的除锑效果。废水经两级混凝处理后，质量浓度达到 0.020 0 mg/L 左右，去除率达 99.60%。随着混凝剂投加量的增加，废水中锑离子质量浓度下降。在一级混凝处理中，随着混凝剂投加量的增加，废水中锑离子质量浓度降低程度明显。而在二级混凝处理中,随着投加量增大,锑离子质量浓度改变不大。在相同的投加量条件下,经聚合硫酸铁处理过的含锑废水中锑离子质量浓度最低,其次是氯化铁。但总体来看,三者除锑效果相差不大。而聚合硫酸铁较三氯化铁对锑的去除率高,主要是因为聚合硫酸铁的铁离子在使用之前已发生水解、聚合,本身已含有多种羟基络合物,这就使得聚合硫酸铁对水中锑离子具有更好的吸附去除效果。

表 5-1　不同铁盐混凝剂的除锑效果　　　　　　单位:mg/L

药品名称	一级混凝		二级混凝	
	投加量	剩余质量浓度	投加量	剩余质量浓度
氯化铁	500	0.215 1	300	0.029 4
	800	0.106 8	500	0.021 1
硫酸亚铁	500	0.324 1	300	0.044 1
	800	0.197 0	500	0.020 0
聚合硫酸铁	500	0.160 0	300	0.024 7
	800	0.102 0	500	0.017 8

3) 实地锑废水深度处理

混凝剂采用聚合硫酸铁,将混凝剂和石灰乳定量投加,实验结果见表 5-2。从表 5-2 中可以看出,经两级混凝沉淀处理后,废水中的锑离子质量浓度均已降至 0.005 0 mg/L 以下,达到国家生活饮用水水质标准。从一级混凝处理数据中可看出,当聚合硫酸铁投加量为 1 000 mg/L,石灰乳投加量为 500 mg/L 时,水中锑离子质量浓度达到最低。且一级混凝处理数据也表明,石灰乳投加量并不是越多越好。废水中的重金属离子具有胶体的沉降稳定性和聚合不稳定性,石灰乳既可破坏胶体的稳定性,又可使重金属离子在碱性条件下,与硫化钠生成硫化物沉淀去除水中锑离子。石灰乳在除锑过程中可能起以下作用:①增加废水浊度;②提高溶液 pH;③提供 OH⁻,使废水中的锑离子形成锑的氢氧化物沉淀;④吸附作用。当加入过量石灰乳时,理论上增加了废水浊度,提供了更多 OH⁻及吸附空间,有利于锑离子沉淀,但结果表明并非如此。聚合硫酸铁混凝去除锑离子的最佳 pH 为 6~9,而含锑废水除锑最佳 pH 为 8~9。过量的石灰乳使废水酸碱度超过了聚合硫酸铁的最佳应用范围和锑离子形成沉淀的最适宜酸碱度条件,从而使得除锑效果有所下降。二级混凝处理数据显示,经不同投加量聚合硫酸铁和石灰乳处理过的废水,实验处理效果相差不大,都在 0.002 0 mg/L 左右,这也进一步验证了 2)不同铁盐混凝剂对含锑废水的处理中对于低质量浓度的含锑废水，去除率随投加量的增加增幅甚微的结论。由于硫化钠中硫离子可与锑离子结合生成溶解度很小的盐，而硫化物沉淀的溶度积常数一般比氢氧化物沉淀的溶度积大几个数量级，因此投加少量的硫化钠就可使重金属离子达标排放。三级混凝与二级混凝处理数据对比表明，过膜处理虽对除锑有一定的效果，但效果不甚明显。Tanizaki 等的研究也证实了这一点。他们用 0.45 μm 的滤膜过滤一些河流水，发现约有 70%溶解的锑可以通过滤膜，且推测锑的存在形式为 $Sb(OH)_6^-$。而废水经两级混凝处理后，其浓度已达国家饮用水水质标准，因此无须再采用过膜处理。

表 5-2　实地锑废水深度处理结果　　　　　　　　　单位：mg/L

	投加量		剩余质量浓度
	聚合硫酸铁	石灰乳	
一级混凝	800	500	0.292 4
	800	800	0.276 7
	1 000	500	0.165 4
	1 000	800	0.202 5
二级混凝	500	500	0.002 7
	500	800	0.004 1
	800	500	0.001 7
	800	800	0.001 1
三级混凝			0.001 9
			0.003 0
			0.001 2
			0.000 8

注：三级混凝处理过 0.45 μm 滤膜。

5.3.1.3　本节小结

①聚合硫酸铁、氯化铁、硫酸亚铁 3 种铁盐对含锑废水均有较好的除锑效果，去除率均在 90%以上。其中，聚合硫酸铁除锑效果最好，其次为氯化铁，且较之含锑浓度较低的废水，3 种混凝剂对含锑浓度较高的废水所表现出的除锑效果差异越明显。②在聚合硫酸铁对含锑废水的处理中，石灰乳的投加量并不是越多越好，当达到一定限度时，除锑效果反而有所下降。③采用聚合硫酸铁结合硫化钠的混凝沉淀方法，含锑废水经两

级处理后，可使水中锑离子质量浓度＜0.005 0 mg/L，达到国家饮用水水质标准。

另外，研究了聚合硫酸铁对含锑废水的处理效果，探讨了 pH、初始质量浓度、沉淀时间、石灰乳投加量及温度对聚合硫酸铁处理含锑废水的影响。结果表明，pH 对锑离子的去除有重要影响，碱性条件有利于锑离子的去除，当 pH＝9 时，去除率达到96.81%。在聚合硫酸铁和石灰乳投加量一定的情况下，去除率随着初始质量浓度的升高而下降。沉淀时间对锑离子的去除有一定影响，随着时间的延长，去除率增大，当沉淀时间为 90 min 时，水中锑离子基本沉降完全。石灰由于质优价廉，常被用来调节废水 pH，但大量石灰加入水中会引起沉渣过多，使得二次处理困难，因此选用 NaOH 和 HCl 调节废水 pH，并定量投加石灰的方法处理废水。对于初始质量浓度为 5.0 mg/L 的含锑废水，聚合硫酸铁和石灰乳投加量均为 500.0 mg/L 时去除率可达 98.0%。温度对聚合硫酸铁处理含锑废水的效果影响不大，随着废水初始质量浓度的升高，温度的影响逐渐显著，温度升高导致去除率增大。聚合硫酸铁去除锑离子的过程符合二级线性动力学方程。

5.3.2 弱酸性铁盐混凝沉淀法

在混凝过程中，混凝沉淀法对污染物的去除原理不同，主要由混凝剂的类别、混凝条件决定。其中混凝沉淀法除重金属污染物主要原理包括：①沉淀作用；②共沉淀作用；③表面化学吸附作用。针对钼、砷、钒等在水体中以含氧阴离子形式存在的重金属，主要依靠表面化学吸附作用，适用弱酸性铁盐混凝沉淀法。主要原因是因为在弱酸性条件下，铁盐混凝过程中形成的矾花带正电，能够吸附去除这些阴离子重金属离子。当随着混凝 pH 的升高，铁盐矾花由带正电逐渐变为带负电，此时对含氧阴离子重金属不具有去除作用。

（1）铝盐混凝剂对 Sb(Ⅲ)和 Sb(Ⅴ)都几乎无去除作用，不能用于除锑，铁盐混凝剂对 Sb(Ⅲ)和 Sb(Ⅴ)都有一定的去除效果。pH 对铁盐混凝剂除锑效果有重要影响，采用铁盐混凝剂除锑时，需研究锑的存在价态，并根据不同锑的价态选用适用的 pH 范围。

（2）弱酸性铁盐混凝沉淀法对 Sb(Ⅲ)的去除效果明显优于对 Sb(Ⅴ)的去除效果。pH 对铁盐混凝剂除 Sb(Ⅲ)和 Sb(Ⅴ)都有重要影响，其中 Sb(Ⅲ)的最适 pH 范围是 4～6；Sb(Ⅴ)的最适 pH 范围是 4～5。两者的去除率均可达到 80%。

（3）随着铁盐的投加量增加，对 Sb(Ⅴ)的去除率会明显增加，但是对 Sb(Ⅲ)的去除率则几乎没有变化。原因可能是随着铁盐增加，给 Sb(Ⅴ)提供了更多的吸附位，使去除率增加。

5.4　锑污染事件应急工程先进装备研发

装备概述：根据锑污染的来源、特点及危害，结合锑污染控制标准要求，将锑污染防治技术与设备进行有机结合，形成独特的含锑废水生物制剂应急处理一体化装备。

该装备根据含锑废水特点，通过"生物制剂配合—水解—固液分离"工艺处理，对废水中以锑、砷为主要污染因子的多种重金属以及 SS 等指标均有显著处理效果，可实现净化水中各指标达到相关污染物排放标准要求，优化条件下可达到《地表水环境质量标准》（GB 3838—2002）Ⅲ类水标准。

装备适用范围：装备可应用于有色重金属冶炼废水、有色金属压延加工废水、矿山酸性重金属废水、电镀、化工等行业的含锑重金属废水处理。

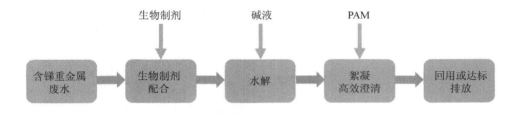

图 5-2　工艺流程

装备组成及参数：含锑废水生物制剂应急处理一体化装备主体结构如下：

（1）多级除锑反应系统：由反应槽、搅拌机等部分组成。

（2）高效澄清系统：由沉淀槽等部分组成。

（3）药剂系统：由药剂槽、搅拌机、加药泵等部分组成。

含锑废水生物制剂应急处理一体化装备可根据进出水水质及处理规模选择不同参数及型号。型号为 SESGX-500，其中 500 代表处理水量（m^3/d），可选择不同处理水量系列，常用的分别为 SESGX-500、SESGX-1000、SESGX-3000、SESGX-5000 等，也可根据不同水量进行设计。

装备特点及优势：

（1）装备实现了较大规模处理量的一体化，装备从加药、反应、沉淀、出水到污泥排放等一系列系统工作流程均达到了智能运行的效果，通过控制系统可实现智能控制，效果可靠。

（2）快速反应、高效沉淀、智能控制是生物制剂智能一体化装备的特点，可以大大提升系统处理效率和降低投资成本。

（3）占地面积小，超高的上升流速，极短的反应时间，紧凑的结构设计，使装备占地面积是常规工艺的 1/5，非常适合废水应急处理或场地受限的应用。

（4）工期短，集成系统出厂，快速安装调试，最快速地满足生产要求。

（5）通过污泥回流、重介质加载等控制絮凝反应池内高达 10 g/L 左右的污泥浓度，原水浓度的变化不会影响系统正常运行，抗冲击能力强。

（6）系统处理效率高，出水清澈，工艺成熟，运行稳定，操作灵活简便，智能可靠。土建和现场工作极少，投资费用少，药剂成本节约显著。

装备外观如图 5-3 所示。

图 5-3　含锑废水生物制剂应急处理一体化装备外观

5.5　锑污染事件应急工程典型案例

5.5.1　北江源头武水河锑污染应急处置

5.5.1.1　事件背景

2011 年 6 月 28 日，广东环境保护部门发现韶关武水河乐昌段水质锑浓度异常。经查确认，是上游来水锑浓度过高，导致过境水质出现异常。湖南、广东两省交界断面水体锑浓度分别超标 3.44 倍、5.44 倍，致使附近的黄圃水厂停止供水，并危及其他两镇级水厂和乐昌县城水厂供水，20 万人的饮用水水质安全受到影响。事件发生后，郴州市政府，宜章、临武两县政府以及韶关市政府均高度重视，立即采取了积极有效的应急措施。至 7 月 4 日，污染源已得到有效清除和控制，监测数据显示，沿岸水厂出水水质符合饮用要求，饮用水安全得到保障。

5.5.1.2　处置方法

上游迅速采取关停企业、清理山体堆放的裸露污染物、筑临时坝、河道投药等措施。临武县对武水河上游非法采选企业进行强力整顿，取缔非法选厂 29 家，非法毛毯选矿点 25 家，清理山体裸露污染物 7 000 余 t，搬运设备 120 余台，处置沸石 2 000 余 m³，设置 9 个投药点。宜章县对渔溪河上游 8 家采选矿企业进行停水停电，停产整顿，在渔溪河设置了两个投药点，构筑临时坝，在金属选矿厂废水库渗漏处设置防渗堤坝。经过郴州市全力应急处置，武水河、渔溪河湖南省出境断面水体锑浓度控制在 0.025 mg/L 左右。

下游迅速采取改进自来水处置工艺等措施。广东省乐昌市的 3 个自来水厂迅速改进自来水处置工艺，采取铁盐混凝沉淀法，调酸—加聚合硫酸铁—调碱工艺，降低饮用水水源锑浓度。由于事件发生后污染源头控制与污染物的削减措施得当，应急处置科学有效，本次事件基本未对下游饮用水产生影响。

水厂采用的工艺如图 5-4 所示。

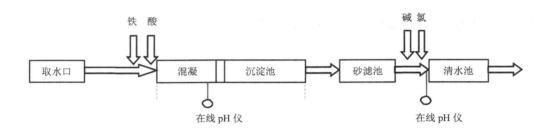

图 5-4　水厂除锑工艺流程

在混凝工艺中，采用符合食品级要求的三价铁盐混凝剂，同时在线加入食品级的硫酸或盐酸，使反应后的 pH 小于 5.5。采用的符合食品级要求的三价铁盐混凝剂（以铁计）要在 5 mg/L 以上。再在去除沉淀后过滤池的出水中，加入符合食品级要求的氢氧化钠或碳酸钠或石灰，把 pH 调节至 6.5～8.5。

该方法确保了出厂水锑浓度达标。

5.5.2　西江柳州市河西水厂应急除锑技术应用

5.5.2.1　事件背景

2012 年 1 月，广西龙江河发生重大环境污染事件，上游拉浪水库水质镉浓度最高超标 80 余倍，对河池市沿江居民和下游柳州市 370 万人的饮水安全构成严重威胁。为减轻龙江河段的镉超标现象，保障下游柳州市的供水安全，广西壮族自治区政府及时启动了突发环境事件Ⅱ级应急响应，并在龙江河段的叶茂电站至糯米滩电站等 6 处设置工程处置点，采取将河水调至弱碱性后投加絮凝剂的方式实施了工程处置，该措施使水相中镉污染物含量削减 80%以上，至 2012 年 2 月 4 日，污染态势得到全面控制，全线停止投药。应急处置期间，柳江水质没有出现镉超标现象。

5.5.2.2　处置方法

在龙江河镉污染事件的后期，柳州市自来水厂水源水中锑超标 1 倍多，专家组查看现场后，确定采用弱酸性铁盐混凝沉淀法，并对柳州市自来水有限公司河西水厂进行应急除锑工艺改造。所进行的改造工作包括：

（1）调配应急监测车。

（2）在水厂加装盐酸（在混凝前投加）和液碱（在过滤后投加）的药剂投加设备（计量泵、碱罐车和酸罐车）与监测系统（在线 pH 计）；

（3）把水厂原来使用的聚氯化铝混凝剂改为聚合硫酸铁，可以兼顾应对镉和砷等污染物。

（4）增加助凝剂，加强过滤效果。此外，还从北京紧急调运了一套应急酸碱药剂投加设备。

2012 年 2 月至 3 月，柳州市自来水有限公司河西水厂的运行情况：按除锑工艺满负荷运行（30 万 m^3/d），聚合硫酸铁投加量为 50 mg/L，加酸调节混凝沉淀后的 pH 为 6.0～6.5，过滤后再加碱回调 pH 到 7 以上，出厂水锑浓度约为 0.003 mg/L，水质全面达标。经过处理后，锑浓度达标，保证了柳州正常供水，在应急期间未发生停水，保障了社会稳定。

5.5.3　嘉陵江锑污染应急处置

5.5.3.1　事件背景

2015 年 11 月 23 日 21 时 20 分，位于陇南市西和县的陇星锑业尾矿库发生泄漏，导致大量尾矿和尾矿水经破损洞口—排水井—排水管—排水涵洞后，从涵洞口喷涌而出，进入紧邻的太石河（嘉陵江一级支流西汉水的支流），造成跨甘肃、陕西、四川三省的突发环境事件，对沿线部分群众生产生活用水造成了一定影响，并直接威胁到四川省广元市西湾水厂供水安全。事件发生后，原环境保护部、水利部、住房和城乡建设部迅速派出工作组和专家组赶赴现场，协调指导地方做好应急应对工作。通过甘肃、陕西、四川三省共同努力，事件得到了妥善处置，保障了沿线群众生产生活用水安全，成功避免了一起特别重大突发环境事件的发生。

5.5.3.2　处置方法

由于适用于锑的吸附剂难以快速获得（常规的活性炭对锑的吸附效果较差），因此，混凝沉淀法是应对本次次生突发锑污染事件的主要方法。本次污染事件应急处置技术汇总与对比详见表 5-3。

表 5-3　嘉陵江锑污染事件应急处置技术汇总与对比

地点		流量与水温	处理工艺	主要参数	现场处理效率与效果
甘肃陇南市	太石河鱼洞村	$1.8~m^3/s$ 夜间水温<6℃	弱酸性铁盐混凝沉淀法	加盐酸或硫酸调节 pH 至 6.0，投加聚合硫酸铁 180 mg/L	平均 64.6%
	山青村	$200~m^3/d$ 夜间水温<0℃	氢氧化钠+聚合硫酸铁	加氢氧化钠调节 pH 到 9.0，投加聚合硫酸铁 750 mg/L	>95%，2 倍左右或达标
陕西汉中市	略阳	$15\sim20~m^3/s$	弱酸性铁盐混凝沉淀法	加盐酸调整 pH 到 5.0，投加聚合硫酸铁 100 mg/L，混凝沉淀后加液体烧碱回调 pH 到 7.7	平均 50%
四川广元市	西湾水厂	—	弱酸性铁盐混凝沉淀法	①配水井处投加盐酸，将原水 pH 调整为 5.0～5.3；②絮凝池前端投加聚合硫酸铁，在絮凝池出水端监测 pH 为 5.3～5.8；③经过两级沉淀后，在出水端投加食品级碳酸钠（食用纯碱），确保滤池出水端 pH 为 7.8 左右	平均 80%，达标；出厂锑浓度稳定在 3～4 μg/L

注：锑超标倍数涉及敏感信息，此处未列出。

—— 第 6 章 ——————————————————

锑污染环境风险评估与
流域综合治理

6.1 概述

锑污染问题已受到一些国家和国际组织的密切关注。例如，锑及其化合物已被美国国家环境保护局（1979 年）及欧盟列为优先控制污染物，《控制危险废物越境转移及其处置巴塞尔公约》（1989）也将锑列为危险废物以限制锑污染的越境迁移。随着锑产品的广泛使用以及人们对锑毒性的进一步认识，锑的开采、冶炼与使用过程所带来的环境与健康风险受到了更多的关注，对锑毒性的研究已从早期的医学与药学毒理学逐渐转变为近期的环境毒理学与生态毒理学方面。而揭示自然界中污染物的暴露风险是环境毒理学与生态毒理学研究的重要任务之一。然而，目前国内外对锑的环境风险调研与评估很少，特别是对长期采矿活动影响的流域地表水、地下水以及农田土壤的综合健康与生态风险评估鲜见报道。本研究在湖南省渔溪河流域开展了大量的矿井水、废矿石、尾矿砂、农田土壤、地表水、河流底泥和地下饮用水水中的锑及相关重金属污染物铅、锌、砷等的时空分布规律以及流域人群暴露特征的调研，评估分析了流域重金属污染暴露的健康与生态风险，剖析了主要污染来源、贡献度和成因，最终提出了流域重金属污染综合整治方案和风险管理对策。本研究为流域锑矿开采重金属污染环境风险评估与管理提供了科学依据。

6.2   锑污染环境风险评估

6.2.1   材料与方法

6.2.1.1   研究区域及样品采集

湖南是著名的"中国有色金属之乡"。历年来,该省含锑及相关重金属铅、锌、砷等的废水排放量均居全国首位。特别是湖南省郴州市渔溪河流域,有色金属矿产资源丰富,开采历史悠久,在 20 世纪 90 年代"有水快流"搞活经济的背景下,有色金属非法采选蜂拥而上,乱采滥挖,使矿井水、历史遗留废矿石和尾矿砂、河道泥沙、已遗弃冶炼厂成为该流域的重要污染源。2011 年 6 月,受持续暴雨天气影响,该流域遭受了严重的洪涝灾害,沿岸部分锑矿企业的矿(废)渣冲入河道,造成了该流域下游地表水锑含量浓度异常的突发性事故。

渔溪河流域位于湖南省宜章县,为珠江流域北江源头。该县地理坐标为东经 $112°37'35'' \sim 113°20'29''$,北纬 $24°53'38'' \sim 25°41'53''$,总面积 $2\ 142.72\ km^2$,人口 58.5 万人。宜章以山地为主,辅有丘陵、岗地、平原和洼地,属亚热带季风湿润气候。渔溪河流经宜章县境长 18.2 km,落差 120 m,平均坡降 9.3‰,流域面积约 $100\ km^2$。多年平均径流总量 1.21 亿 m^3,多年平均流量 $3.85\ m^3/s$,含沙量 $2.37\ kg/m^3$,年平均淤沙量 $43\ 567\ t$。

本研究对渔溪河流域内的矿井水、废矿石、尾矿砂、农田土壤、地表水、河流底泥和地下饮用水等进行了采集,部分采样点如图 6-1 所示。

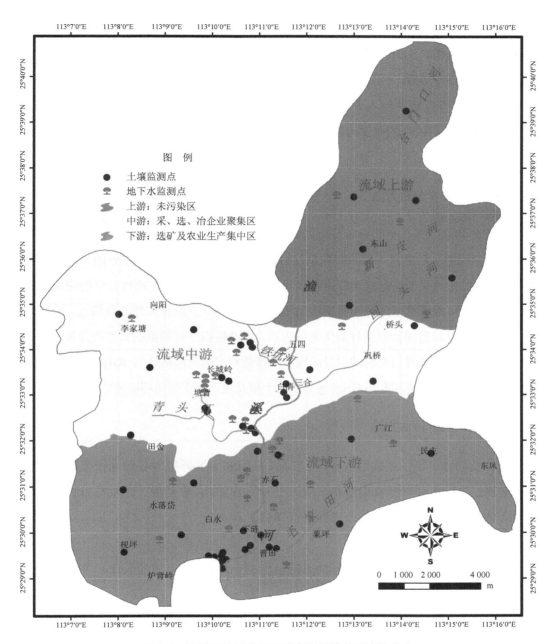

图 6-1　渔溪河流域分区及重金属污染监测点位分布

6.2.1.2　样品分析方法

所有的土壤、底泥及尾砂样品经自然干燥后过 100 目尼龙筛，保存在牛皮纸信封中备用。称取 300 mg 的土壤样品放入聚四氟乙烯坩埚中，然后加入 10 mL 68%的硝酸，5 mL 1∶1 的硫酸，5 mL 47%的氢氟酸，将坩埚放置在电热板上 230℃高温加热至溶液变成灰色。稍微冷却后，加入 3 mL 1∶1 HCl 溶解消解残留物，然后将消解液转移至 50 mL 容量瓶中，向容量瓶中加入 5 mL 10%的氯化铵溶液后用去离子水定容，过滤，最后用 ICP-MS 测定溶液中的总锑浓度。对于地表及地下水体中的锑，利用石墨炉原子吸收法进行测定。

6.2.1.3 地统计学分析方法

地统计学是以具有空间分布特点的区域化变量理论为基础，研究自然现象的空间变异与空间结构的一门学科，其主要理论是法国统计学家 G.Matheron 创立的，经过不断完善和改进，目前已成为具有坚实理论基础和实用价值的数学工具。地统计学的应用范围十分广泛，不仅可以研究空间分布数据的结构性和随机性、空间相关性和依赖性、空间格局与变异，还可以对空间数据进行最优无偏内插，以及模拟空间数据的离散性及波动性。地统计学由分析空间变异与结构的变异函数及其参数和空间局部估计的 Kriging 插值法两个主要部分组成，本研究即利用 Kriging 方法对土壤及地下水重金属环境风险进行空间分析。

6.2.1.4 健康风险评估方法

人体及动物可以经过饮用水水体、食品、皮肤接触和呼吸等各种途径接触到环境中的重金属。以下主要以经饮用水和土壤（土壤及扬尘的皮肤接触、呼吸与口腔摄入）途径对人体健康产生的非致癌健康风险进行评估。

1）水环境健康风险评估

根据美国国家环境保护局推荐的方法，人体经饮用含重金属的水体产生的非致癌健康风险计算方法如下：

$$HI = HQ_{Pb} + HQ_{Zn} + HQ_{As} + HQ_{Sb}$$

$$HQ = \frac{CDI}{RfD} = \frac{C \times IR \times EF \times ED}{BW \times AT \times RfD} \tag{6-1}$$

式中，HQ（hazard quotient）——单个重金属所产生的风险；

HI（hazard index）——多种重金属产生的复合风险；

RfD——参考剂量，mg/（kg·d）。

RfD 其取值如表 6-1 所示。

表 6-1　健康风险评价各元素参考剂量　　　　单位：mg/（kg·d）

评价元素	Pb	Zn	As	Sb
参考剂量（RfD）	1.4×10^{-2}	0.3	3×10^{-4}	4×10^{-4}

式（6-1）中其他参数意义与取值如表 6-2 所示。

表 6-2　健康风险评价相关参数

参数	单位	符号	成人	儿童
体重	kg	BW	58.6	22.3
暴露持续时间	a	ED	58	10
暴露频率	d/a	EF	365	365
平均暴露时间	d	AT	365×58	365×10
人均日摄入量	L/（人·d）	IR	2.2	1.8

2）土壤健康风险评估

土壤直接暴露产生健康风险的途径主要包括三个方面：①口腔摄取；②呼吸道摄取；③皮肤摄取。根据我国《工业企业土壤环境质量风险评价基准》（HJ/T 25—1999）和美国国家环境保护局的推荐方法，以上元素仅有口腔摄入的参考剂量 RfD（表 6-1），因此土壤直接暴露用式（6-2）计算：

$$HQ = \frac{CDI_{ingestion}}{RfD} = (C_S \times I_{sp} \times CF) \times \frac{EF \times ED}{BW \times AT \times RfD} \tag{6-2}$$

式（6-2）中的参数意义及取值如表 6-3 所示。

表 6-3　土壤健康风险评估参数

参数	符号	单位	成人	儿童
体重	BW	kg	58.6	22.3
暴露持续时间	ED	a	42	10
平均暴露时间	AT	d	365×42	365×10
暴露频率	EF	d/a	243	350
转换因子	CF	kg/mg	10^{-6}	10^{-6}
土壤颗粒摄入量	I_{sp}	mg/d	100	91

6.2.1.5 生态风险评估

对于重金属在土壤环境介质中的生态风险评估，近年来从污染物的沉积学角度提出了众多评估方法，如潜在生态危害指数法、地累积指数法、污染负荷指数法以及回归过量分析法。本研究采用潜在生态危害指数法对土壤环境生态风险进行评估。

$$C_f^i = \frac{C_D^i}{C_R^i}, \quad E_r^i = T_r^i \times C, \quad \text{RI} = \sum_{i=1}^{n} E_r^i \quad\quad (6\text{-}3)$$

式中，C_f^i——某一金属的污染参数；

C_D^i——沉积物中重金属的实测含量；

C_R^i——计算所需的参比值；

E_r^i——潜在生态风险参数；

T_r^i——单个污染物的毒性响应参数（20，10，30，1，5）；

RI——多种金属潜在生态危害指数。

RI 的值域对应的污染程度与潜在生态危害指数如表 6-4 所示。

表 6-4 E_r^i 取值与生态风险水平的关系

单一金属对应阈值区间	风险因子程度分级	多种金属对应阈值区间	风险指数程度分级
$E_r^i < 40$	轻微生态风险	RI$<$100	轻微风险
$40 \leqslant E_r^i < 80$	中等生态风险	$100 \leqslant$RI$<$200	中等风险
$80 \leqslant E_r^i < 160$	强的生态风险	$200 \leqslant$RI$<$400	重风险
$160 \leqslant E_r^i < 320$	很强生态风险	RI$\geqslant$400	极重风险
$E_r^i \geqslant 320$	极强生态风险		

6.2.2 结果与讨论

6.2.2.1 流域重金属污染现状

根据渔溪河流域内矿山企业分布特点，在空间上将其分为上、中、下游（图 6-1）。流域上游为未受污染区，约 30 km²，由于没有采、选、冶等有色金属企业，因而未受重金属污染影响，环境质量较好。因此，以下重点对流域中下游重金属污染状况进行分析。

1）流域中游

流域中游为采、选、冶企业集中分布区，约 28 km²，分布有 5 家矿山企业（图 6-2）。该流域为宜章县锑矿主要分布区，同时也是矿山地质环境影响严重区，包括占用土地资源、水土环境重金属污染等。

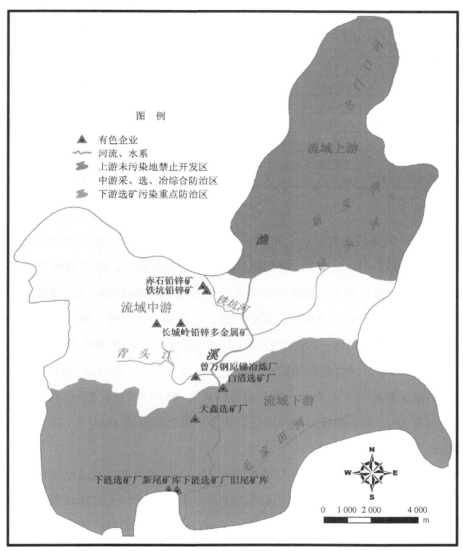

图 6-2　渔溪河流域有色企业位置分布

表 6-5　渔溪河中下游区域重金属平均含量

位置	类别	铅	锌	砷	锑
中游	尾矿砂/（mg/kg）	728.92	130.53	97.73	3 165.83
	废矿石/（mg/kg）	3 074.02	971.11	107.74	803.56
	农田土壤/（mg/kg）	70.60	276.10	26.90	53.10
	河流底泥/（mg/kg）	1 877.40	482.70	57.81	180.85
	地表水/（mg/L）	0.001 L	0.005 L	0.000 34 L	0.964 642 857
	地下水/（mg/L）	0.001 L	0.005 L	0.000 01 L	0.199 114 286
下游	尾矿砂/（mg/kg）	84.73	63.78	415.45	1 519.30
	废矿石/（mg/kg）	194.90	108.20	32.10	11 113.10
	农田土壤/（mg/kg）	50.70	293.90	24.30	34.40
	河流底泥/（mg/kg）	32.40	80.90	39.97	9.24
	地表水/（mg/L）	0.001 L	0.005 L	0.000 9 L	0.090 666 667
	地下水/（mg/L）	0.001 L	0.005 L	0.000 01 L	0.215 628 571
农业用地二级标准/（mg/kg）		100	250	35	20
地表水Ⅲ类标准/（mg/L）		0.05	1	0.05	0.005

注：数字后加 L 表示最低检出限。

　　分析显示，该区域相关矿山企业矿井水中铅、锌、砷、镉、铬等虽然未见超标，但锑浓度较高（0.135～7.3 mg/L），特别是长城岭铅锌多金属矿，最高超标千余倍。除矿井水含锑量高外，露天堆放的尾矿砂和废矿石等经雨水淋溶是造成该区域重金属污染的另一个重要原因。4 个矿山企业的尾矿砂和废矿石中铅、锌、砷、锑均明显超出《土壤环境质量标准》（GB 15618—1995）的农业用地二级标准（采用 2011 年的执行环境质量标准，下同）。其中，锑含量以长城岭周边尾矿砂较为突出，超标逾 400 倍；铅、锌和砷含量以兴旺矿尾砂与矿石为多，最高超标倍数分别为 77.5 倍、7.9 倍和 4.8 倍。该区域距渔溪河仅 10 m 左右的曾万刚锑冶炼厂炉渣中锑含量高达 3% 左右，降雨淋溶较易使该厂附近地表水锑浓度升高。

　　经与《地表水环境质量标准》（GB 3838—2002）比较可知，渔溪河地表水体未明显受到铅、锌和砷等重金属的污染，所有监测点表明以上元素均无超标现象。但锑超标明显，多数地区高于本流域的环境本底值 0～0.003 mg/L；超标 200 倍以上区域主要位于该区域，最大超标倍数近 500 倍。地下水监测结果表明，铅、锌、砷均未检出，但约 63% 的样品锑浓度超出限值 0.005 mg/L，且明显高于该区域的环境本底值 0～0.003 mg/L，最高超标达 155 倍。

2）流域下游

流域下游为选矿厂集中分布区，约 40 km²。北部靠近渔溪河 50～100 m 分布有两家多金属选矿厂，其矿石露天堆放，无任何防护措施。两家选矿厂均表现为尾矿砂砷、锑等重金属含量较高。南部为下涟多金属选矿厂，其尾矿及废矿石中砷和锑含量较高，最高分别达 120 mg/kg 和 11 000 mg/kg，其尾矿库浸出液中铅、锌、砷均未见超标，仅锑有明显浸出，平均浓度为 0.43 mg/L，超标达 40～100 倍。

下游地表水体与地下水体锑浓度也超标明显，但较中游超标倍数要小。另外，分析显示，流域中下游农田水体也已受到较严重的污染，青头江稻田水和下涟选矿厂下游农田边溪水均超标达 50 余倍，可见污水灌溉对农业生产造成了一定程度的影响。

6.2.2.2　渔溪河重金属污染物主要来源贡献度分析

在 2011 年 6 月锑浓度异常事件发生之前，渔溪河重金属污染物来源贡献度组成：合法采矿（集中在青头江区域）为 10%～15%，合法选矿为 5%～8%，非法采矿为 8%～12%，非法选矿为 10%～12%，历史遗留问题（废石、矿渣、尾砂、已污染的土壤、农田、地下水、河道底泥等）为 20%～50%。锑浓度异常应急处置之后（2011 年 12 月后），渔溪河重金属污染物来源贡献度组成：合法采矿<10%，合法选矿<15%，非法采矿<5%，非法选矿<10%，历史遗留问题为 60%～80%（图 6-3）。

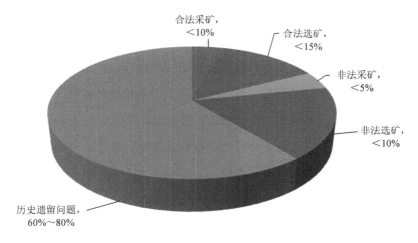

图 6-3　锑浓度异常应急处置之后渔溪河重金属污染物来源贡献度组成

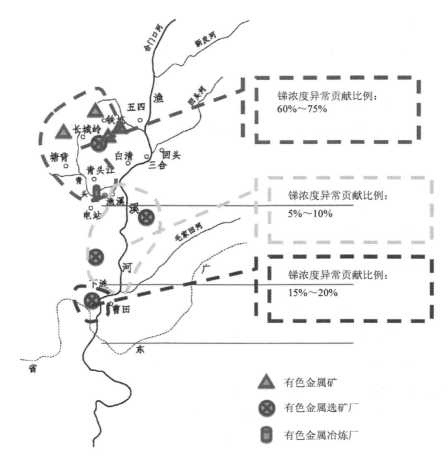

图 6-4　渔溪河重金属污染物来源贡献度空间分布

由此可见，解决历史遗留问题是改善流域环境质量的重要任务。而历史遗留问题突出表现为特征污染物锑的污染，其主要来源于中游长城岭矿区（图 6-4），可见该区域为重点整治区域；其次为非法企业的整改，特别是非法选矿厂及其周边受污染土壤及农田的治理；另外，对于合法企业必须严格检查其废水、废渣、尾砂及采矿废石等固体废物的处理处置，促进企业规范化管理。

6.2.2.3　健康风险评估

1）水体健康风险

由成人健康风险评估结果可知，本流域地表水健康风险主要来源于锑，约 75%的样品风险值＞1.0，且较多风险值超过 10，特别是长城岭矿区周边地表水体风险值较高。

重金属对儿童存在的潜在风险明显高于成人，其中长城岭矿区附近风险值在 20 以上。可见，受锑污染的地表水体对当地儿童这一脆弱群体具有一定的健康风险，应该引起当地民众与相关部门的重视。

渔溪河流域内地下水健康风险评估及地统计分析结果表明（图 6-5），约 75% 的监测点风险值超过阈值 1.0。地下水受污染区主要分布在流域中游，特别是青头江流域的地下水风险较高，多处风险值超过 10。

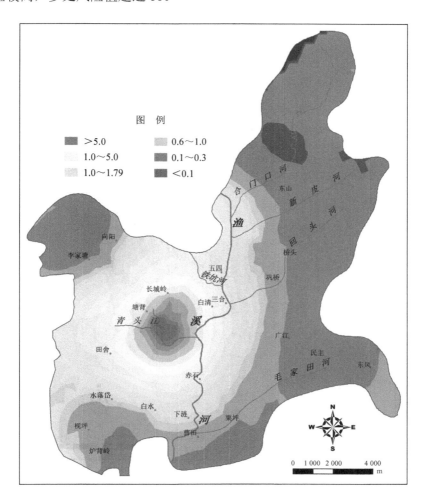

图 6-5 渔溪河流域地下水重金属污染健康风险（儿童）空间分布

2）土壤健康风险

对于成人而言，土壤中铅、锌、砷、锑均不存在明显的健康风险，且其复合风险也均小于 1.0；但对于儿童而言，部分地区健康风险超过阈值。由地统计分析（图 6-6）可知，风险较高区域主要位于流域的中下游，特别是青头江区域；风险值自青头江沿渔溪河往下游逐渐降低，离河流或矿区越近，风险越高。可见，矿区废渣和尾砂的淋溶，以及含重金属河水的农田灌溉对土壤健康风险贡献较大。由于未对其他重金属暴露途径进行详细考虑，例如，土壤中的重金属经农作物累积，通过食物链进入人体所产生的健康风险未进行评估，因此，风险状况还有待进一步取样、调研与深入分析。

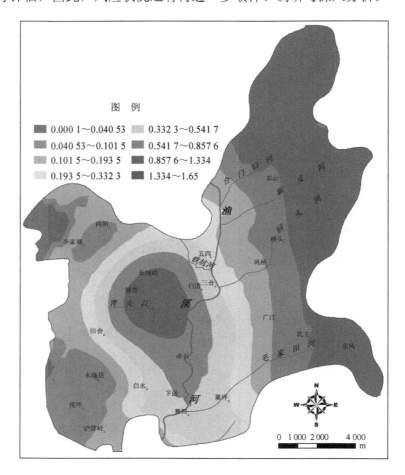

图 6-6　渔溪河流域土壤重金属污染健康风险（成人）空间分布

6.2.2.4　生态风险评估

对流域中下游土壤中铅、锌、砷、锑等重金属浓度采样分析结果为基础数据进行生态风险的评估结果显示，锑的潜在生态风险最为严重，轻微生态风险所占比率为 0，极强生态风险所占比率达 56%。该区域砷的潜在生态风险较弱，大部分样品中砷为轻微生态风险，仅有一例为极强生态风险，出现于下涟村下游茄子地，风险值达 308。铅和锌在各个样品中仅存在轻微的生态风险。可见，该区域的生态风险主要贡献者为重金属锑。

对于多种金属的潜在生态风险，除塘背村长城岭山坡土和下涟村未污染农田属于中等风险外，所有样品的多种金属的潜在生态危害指数均高于 240，至少属于重风险。在所有采样点位置中，75% 的点位属于极重生态风险，其中风险指数最高值出现在下涟村下游茄子地土壤中，达 19 323。

6.2.2.5　风险管理分析与污染整治工程方案

该流域重金属污染是在长期的矿产开采、加工以及工业化过程中累积形成的，传统的"资源—产品—废弃物"生产模式导致资源过快消耗，集约化与规模化的循环经济产业格局尚未形成，粗放式的经济增长模式导致有色金属资源流失、浪费现象严重，无法实现资源的多级升值。对环境风险的有效管理依赖于产业结构调整和清洁生产的推进，依赖于环境监管能力与企业污染治理能力的提高，以及重金属污染危害防范意识的增强。另外，需要在环境监测、预警、健康调查与诊疗、愈后防护等方面形成一个完整的监管体系和长效的风险管理机制。经分析，详细制定了流域重金属污染整治工程方案，具体包括采、选矿企业点源的治理，历史遗留重金属污染问题清理，重点河段清污分流与污染河水净化，农村地下饮用水水源污染治理和饮用水保障工作，以及对耕地、河道、废弃矿山等的生态修复。

6.2.3　本节小结

在湖南省渔溪河流域开展了大量的矿井水、废矿石、尾矿砂、农田土壤、地表水、河流底泥和地下饮用水水中的锑及相关重金属污染物铅、锌、砷等的污染规律以及流域人群暴露特征的调研。结果显示，流域中下游河流底泥、地表水、地下水锑浓度超标明显；农田水体也已受到较严重的污染，矿山企业周边农田土壤砷、锑平均浓度均超过标准限值；且中下游约 63% 的地下水样品锑浓度超出标准限值，约 75% 的地下水监测点多金属复合健康风险值超过阈值 1.0。重金属对儿童所存在的潜在风险明显高于成人，且矿区废渣和尾砂的淋溶，以及含重金属河水的农田灌溉对土壤健康风险贡献较大。解决历史遗留问题是改善流域环境质量的重要任务，而历史遗留问题突出表现为特征污染物锑的污染，其主要来源于中游长城岭矿区。流域重金属污染的根治有赖于形成一个完整的监管体系和长效的风险管理机制。

6.3 锑污染流域综合治理典型案例

以渔溪河流域所在的珠江流域北江源头宜章段锑污染综合治理为例进行阐述。

6.3.1 强化分区防控与调整优化产业结构

6.3.1.1 建立完善基于分区防控的环境管理政策

根据珠江流域北江源头（宜章段）的重金属污染情况，将北江源头宜章段流域划分为渔溪河流域赤石乡、麻田矿区和黄岑水库饮用水水源保护区共计 3 个重点防范区域，同时，根据各区域的污染情况，划分为一级及三级重金属污染防控区，实施分区指导、分级防控，并结合各区域防治成效积极探索实施重点区域动态调整方案。

麻田矿区、黄岑水库饮用水水源保护区和渔溪河上游青头江区域及下游下涟选矿厂段划分为一级防控区，作为重点区域，控新治旧、总量减排，全面推进重金属污染综合防治，重点是加大对落后产能的淘汰力度，严格涉重金属污染行业的环评、土地和安全生产审批，严禁建设新增重金属污染物排放的建设项目，建设排放重金属污染物的项目必须通过实施"区域削减"，削减排放总量，实现增产减污；对于现有重金属排放企业，着力提升清洁生产水平，强化安全监管和达标治理，对于安全防护距离和卫生防护距离不能达到要求的企业实施搬迁或淘汰和退出制度。

渔溪河中游区域定为三级防控区，以防为主，防控结合，源头预防重金属污染；不断提高环境保护要求，严格控制重点行业发展规模，严防造成重金属污染的落后生产工艺及落后产能的非法转移；严格控制新建、扩建增加区域重金属污染排放的项目，新项目必须进入园区建设，通过产业升级、总量替换等手段，努力提升现有产业清洁生产水平，提高环境资源利用效率，实现区域重金属污染总量零增长，形成与环境相协调的产业发展格局。

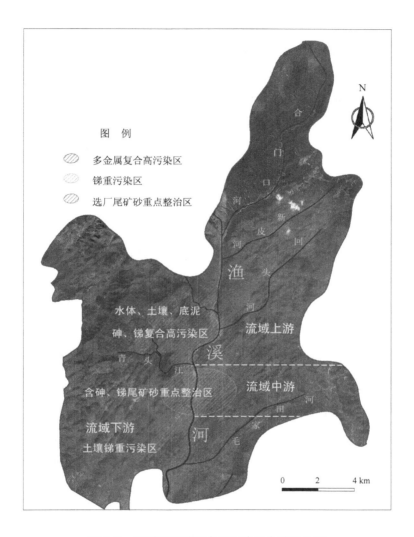

图 6-7 渔溪河流域重金属污染综合防治分区

6.3.1.2 加强产业布局引导，严格实施统一规划定点

优化涉重金属工矿区、产业园区和污染的布局，禁止在饮用水水源保护区、《宜章县"十一五"环境保护规划》划定的严格控制区内建设排放重金属污染物的项目和设立排放重金属污染物的排污口；禁止新建、改建、扩建对生态环境和农产品安全产生不可恢复的破坏性影响的矿产资源开发项目；禁止开展土法采、选冶金矿和土法冶炼铅、锌等矿产资源开发活动。

结合珠江流域北江源头宜章段流域自身发展的自然资源禀赋与环境承载力，按照"发挥优势、突出重点、保护环境、规模开采、集约利用、协调发展"的总体思路，进一步优化布局，细化产业空间组织，推进形成合理的空间开发结构，科学确定优化开发，划分长城岭铅锌银矿重点开发区的空间布局。

严格贯彻执行国家产业政策和重金属行业统一规划、统一定点的相关产业发展政策，重点关注重金属污染企业的定点基地建设，整治现有相关企业，强化涉重金属污染项目的选址论证。

6.3.1.3　加大落后产能淘汰和产业调整力度

严格执行国家和湖南省已颁布的产业政策、产业结构调整指导目录、相关行业调整振兴规划和行业准入条件等相关规定，坚决关停取缔重污染企业，大力淘汰落后产能。完善促进产业结构调整的政策措施，定期更新并发布产业结构调整指导目录，逐步扩大落后产能和重污染行业的淘汰范围，依法加大对不符合产业政策、污染严重的涉重金属落后生产工艺、技术、设备和产品的淘汰力度。明确相关企业的责任，若没有完成涉重金属落后产能淘汰任务，暂停审批北江宜章段内新增重金属污染的重点防控行业新建项目。积极开展小型采选企业整合，重点优化整合生产规模长期达不到设计要求、管理水平低、开采方法和技术装备落后、资源利用水平和管理水平低、社会效益和环境效益差的采选企业。有关部门每年向社会公告应当限期淘汰落后产能的企业名单及执行情况。

6.3.1.4　严格执行环境影响评价、"三同时"及后评估制度

坚持严格建设项目环境影响评价制度，落实国家和省有关环境影响评价审批的要求，切实把好环境保护审批关，积极从源头上控制环境污染和生态破坏，努力推动经济增长方式的转变，促进社会经济的可持续发展。

根据区域特征，开展规划环境影响评价工作，并将其作为受理审批区域内和行业相关项目环境影响评价文件的前提。同时，要重点抓好矿产资源开发利用规划的环境影响评价工作，并完善规划环境影响评价与项目环境影响评价的联动机制。严格按照建设项目环境影响评价分类管理要求和分级审批制度进行建设项目审批，做到不越权审批、不拆分项目、不降低环境影响评价等级。严格涉重金属污染行业项目环境影响评价审批，对于环境影响评价确认不符合环境保护标准、环境保护要求的项目，各级环境保

护部门一律不予批准，一律不准开工建设。

图 6-8　渔溪河流域重金属污染重点防控企业分布

　　严格执行环境保护"三同时"制度，逐步开展重点行业重金属污染项目的环境影响后评价制度，全面排查现有重金属污染企业的"三同时"制度执行情况，没有严格执行"三同时"的项目一律责令停止生产或者使用，限期治理后仍不能达标排放的企业严格依法关闭。强化涉重金属污染项目验收管理和对涉重金属污染的上市公司环境管理和后评价，探索开展重金属污染的环境风险评价。开展重金属排放企业场地和周边区域环境污染状况评估试点工作。

6.3.1.5　严格产业和环境保护准入条件

禁止在重点区域新建、改建、扩建增加重金属污染排放的项目，要坚持新增产能与淘汰产能"等量置换"或"减量置换"的原则，鼓励重金属排放企业兼并重组，防止落后产能和重金属污染排放的增加。

强化重点行业相关项目的环境准入制度，严格执行相关产业政策。对于无证开采和非法盗采的铅锌矿山，由国土资源部门和地方人民政府予以坚决、彻底取缔。依法查处以承包等方式擅自将采矿权转给他人进行采矿的行为，制止、查处超层越界乱采滥挖行为。现有矿山开采规模必须严格执行《宜章县矿产资源总体规划（2008—2015 年）》中有关铅锌矿的标准。

6.3.2　积极推进采选行业清洁生产

6.3.2.1　积极推动产业技术进步

鼓励采用的先进采矿技术。对于露天开采的矿山，宜推广"剥离—排土—造地—复垦"的一体化技术。对于水力开采的矿山，宜推广水重复利用率高的开采技术。推广应用充填矿工艺技术，提倡废石不出井，利用尾砂、废石充填采空区。推广减轻地表沉陷的开采技术，如条带开采、分层间隙开采等技术。

鼓励采用的先进选矿技术。开发推广高效无（低）毒的浮选新药剂产品。推广干选工艺或节水型选矿工艺，积极研究推广共生、伴生矿产资源中有价元素的分离回收技术，为共生、伴生矿产资源的深加工创造条件。

6.3.2.2　大力推进企业清洁生产

依法实施清洁生产强制性审核。贯彻落实《中华人民共和国清洁生产促进法》，严格执行《重点企业清洁生产审核程序》（环发〔2005〕151 号）、《湖南省清洁生产审核暂行办法》（湘经资源〔2005〕278 号）等国家及省市清洁生产审核要求以及采选的清洁生产标准。原宜章县环境保护局会同有关部门每两年依法组织对北江宜章段的 8 家重点防控企业开展强制性清洁生产审核，并根据有关规定，对其清洁生产实施情况开展评估验收，将通过评估验收作为企业申请污染治理补助资金的前提条件，对未通过评估验收的企业要限期整改。到 2015 年年底，涉重金属省级重点防控企业强制性清洁生产审核率达到 100%。

污染物排放超标或超过总量控制指标的，以及使用或排放有毒有害物质的铅锌采选、冶炼企业，必须依法实施强制性清洁生产审核。环境保护部门定期对现有铅锌冶炼企业执行环保标准情况进行监督检查，对达不到排放标准或超过排污总量的企业，由当地政府责令停产治理，并注销排污许可证。在治理后仍不达标的，由县人民政府依法予以关闭。

6.3.3　加强重金属污染源监管与企业内部环境管理

6.3.3.1　认真排查流域内的重金属污染问题，建立健全重金属污染限期整治和督办制度

政府要认真排查当地存在的采矿、选矿企业重金属污染问题，建立健全重金属污染问题限期整治和督办制度。严肃查处采矿、选矿企业违法建设、超标排放等违法行为，强化达标排放整治，依法关停缺少治污设施、不能稳定达标排放的采矿、选矿重金属污染企业；停产整顿已经造成严重环境危害的采矿、选矿企业；限期整改存在环境安全隐患的采矿、选矿企业。限期治理后仍不能达标排放的采矿、选矿企业严格依法关闭。

6.3.3.2　规范采矿、选矿企业内部环境管理

规范流域内采矿、选矿企业污染源的环境管理，督促企业实行特征污染物日监测制度，建立重金属污染物产生、排放详细台账，每月向当地环境保护部门报告监测结果，并及时报告采矿选矿企业原料和产量的变化情况；指导重点防控企业逐步安装重金属污染物在线监测装置并与环境保护部门联网；建立采矿、选矿企业信息公开制度，督促重金属污染排放重点防控企业定期公布年度环境报告书，公布采矿、选矿企业的重金属污染物排放和环境管理等情况。

6.3.4　加强流域重金属污染源综合治理

6.3.4.1　加快推进采矿、选矿企业点源的治理

加大采矿、选矿企业点源工作力度，加快工业污染防治从以末端治理为主向生产全过程控制的转变。对证件齐全的采矿、选矿企业，要求采矿企业必须根据相关污染物排

放标准对采矿矿井废水处理后再外排，选矿企业产生的废水必须处理后循环回用；采矿、选矿企业产生的尾矿渣必须堆放在有防渗设施的尾矿库中进行安全处置，已堆满或超过使用年限的尾矿库必须按相关要求进行闭库处理。

图 6-9　渔溪河流域重金属污染点源综合治理工程分布

6.3.4.2　加大历史遗留重金属污染问题清理工作力度

全面调查流域内的历史遗留重金属污染问题，包括调查分散式遗弃矿井和废弃尾矿砂的数量和规模等。对分散式遗弃矿井进行封闭和井口生态修复，防止矿井废水渗出；对于历史遗留的废弃尾矿渣和尾砂，根据其主要成分及含量，对有利用价值的废渣和尾砂进行资源回收或综合利用，对难以资源化的废弃矿渣和尾砂，运往有防渗设施的尾矿库进行安全处置。力争 3 年内完成关键点源分散式遗弃矿井封闭和废弃尾矿渣（砂）清理工作，大力实施废弃尾矿库的闭库与生态修复工程。

6.3.4.3 积极实施重点河段清污分流与污染河水净化工程建设

对矿渣堆积较多的河道，实施清污分流措施，把重金属污染极低的清洁水引到下游，避免河水对废弃矿渣的浸泡和淋溶而渗漏出重金属废水。为进一步削减河水中重金属（尤其是锑）污染物的浓度，在渔溪河流域内重金属（尤其是锑）污染物浓度高的河段实施污染河水净化工程，通过建设定点投药混凝沉淀处理设施、多级渗滤坝或旁路处理系统，对重点支流河段的污染河水进行净化处理。

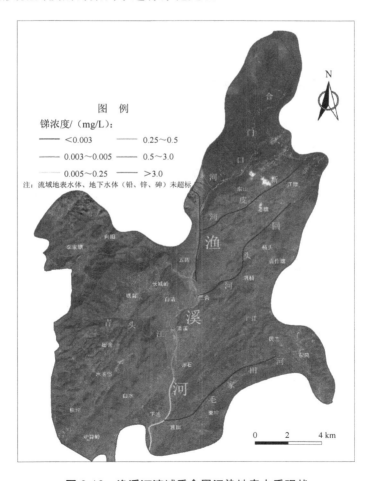

图 6-10 渔溪河流域重金属污染地表水质现状

6.3.4.4　积极开展农村地下饮用水水源污染治理和饮用水保障工作

政府相关部门要加强对渔溪河流域内饮用水水源、水厂供水和用水点的水质监测，对农村取水、制水、供水实施全过程管理。环境保护部门要按照国家有关标准加强对农村饮用水水源地水质的监测；卫生部门要加强对生活饮用水的监督监测，及时掌握城乡饮用水水源环境、供水水质状况。宜章县政府要多方筹措资金，加大投入力度，加快农村饮水安全与保障工程建设步伐，针对流域内地下饮用水水源重金属超标的现状，因地制宜地建设地下饮用水水源污染处理设施，如在饮用水井周围建设地下防护墙或对饮用水进行深度净化后再供水等，重点是解决农村饮用水重金属超标和苦咸水等问题。

6.3.5　积极实施重金属污染生态修复工程

6.3.5.1　开展重金属污染场地与耕地的排查与监测工作

根据流域内采矿、选矿企业的分布和生产情况，对可能受重金属污染的水域、场地和耕地进行排查监测工作。对尾矿渣堆场及周边土壤进行重金属含量监测，明确场地污染程度、污染面积和深度，同时对流域内采矿、选矿企业周边受重金属污染场地和耕地开展环境风险评估，确定风险等级，根据风险评估结果，制订优先治理与修复计划。

6.3.5.2　积极实施河道尾矿砂、淤泥清理及河道生态修复工程

根据流域内各支流河道尾矿砂以及淤泥的淤积和分布情况，开展河道尾矿砂和淤泥清理工作，对尾矿砂和淤泥进行重金属含量监测，重金属含量比较高的尾矿砂和淤泥运往尾矿库进行安全处置，含量较低的尾矿砂和淤泥则用于河道堤岸加固或附近道路和村落低洼地的填埋。同时，结合河道尾矿砂、淤泥清理及堤岸加固工作，开展河道生态修复工作，即在河道内或堤岸边种植对重金属净化效果好的水生植物，恢复和重建河道生态系统。

6.3.5.3　积极开展废弃矿山覆绿与生态修复工程

在进行分散式遗弃矿井封闭和废弃尾矿砂清理工作的基础上，加大矿山污染综合整治与生态修复力度，大力推进废弃矿山覆绿与生态修复工程。按照"采前预防，采中治理，采后恢复"的原则，对新建矿山、生产矿山和历史遗留矿山等不同情况进行分类管理，全面推进流域内各矿区的环境保护与恢复治理工作。对新建矿山和生产矿山按照"谁破坏，谁治理"的原则，严格执行"三同时"制度，并通过建立矿山环境恢复治理保证金制度，督促采矿和选矿企业履行环境恢复治理义务。通过政府引导、加大技术攻关、试点示范等手段，逐步解决各类尾矿库和废弃矿山覆绿等历史遗留重金属污染问题，推广较为成熟的综合治理经验。对于责任主体明确的历史遗留重金属污染问题，由责任主体负责解决。对于无法确定责任主体的历史遗留问题，由宜章县人民政府统筹规划，逐步解决。

6.3.5.4　分步实施重金属污染场地及农田生态修复工程

根据重金属污染场地、耕地排查与监测工作的结果，对重金属超标较为严重的区域开展土壤污染综合治理和修复工作。对于通过综合治理可以恢复农业生产能力的区域，积极开展耕地重金属污染综合治理和污染修复；对于采矿、选矿区周边污染严重且难以在短期内修复的耕地应及时调整用途。根据各重点采矿区土壤受重金属污染程度轻重情况，可因地制宜地采取客土置换、土壤淋洗、生物修复等综合治理方法进行治理与修复。对于受重金属污染严重、短期内又难以治理的耕地和园地，因地制宜地调整为林地，不得种植食用农作物和果树。对于重金属污染严重、不适宜种植农作物的土地，探索试行土地用途调整政策，依法定程序调整土地用途，并对基本农田和耕地实施调整后的补充与保障措施。

6.3.5.5　开展实施流域生态建设与保护工程建设

针对流域内长期受采矿和选矿活动的影响而导致生态环境受到严重破坏的现状，积极开展实施流域生态建设与保护工程建设，包括生态林建设工程、以小流域综合治理为主的水土保持工程和河道滨河带景观绿色廊道建设工程等。通过实施流域生态环境保护与建设，积极发展生态产业，实施生态保护工程，在远期基本解决流域内采矿、选矿和人为造成的新的水土流失、植被破坏和水质污染等生态问题，使 3 个重点区域森林植被逐步得到恢复。

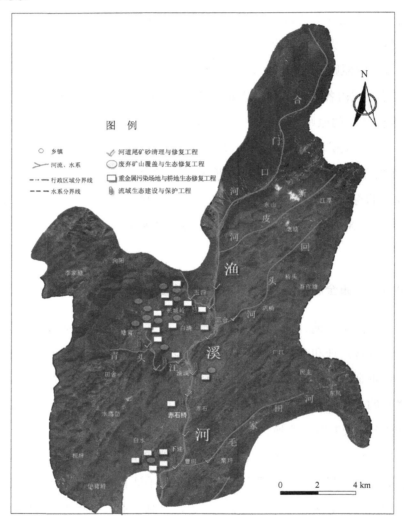

图 6-11   渔溪河流域重金属污染生态修复工程分布

6.3.6   加强重金属污染源监管能力建设

6.3.6.1   完善重金属污染执法能力建设

加强现场监察执法能力建设。环境保护部门要配备必要的现场执法、应急重金属监测仪器和取证设备，加强快速反应能力建设，使环境执法人员能在第一时间赶赴现场。大力提倡和推进监察手段的现代化，逐步改变重金属污染监察手段单一、层次较低的现状，向自动化、网络化、智能化方向发展。

提高环境执法队伍业务素质。加强执法人员业务培训，尤其是重金属污染企业生产工艺及污染治理专业知识、政策法规和标准等方面的培训，进一步提高环境监察人员对重金属污染企业的现场监督执法能力。

强化重金属污染执法监管。将重金属排放企业作为环境污染整治的工作重点，切实加大对重金属企业环境保护违法行为的查处力度，加强对废渣场、尾矿库的环境安全监控。

6.3.6.2　建设完善重金属污染环境监测体系

建立完善重金属污染监控网络。将重金属环境监测纳入宜章县重金属环境监管能力建设规划，重点防控区要配置采样与前处理设备、重金属专项实验室设备以及重金属在线自动监测站，全面监控铅、汞、镉、铬、砷、锑等重点监测项目，同时兼顾镍、铜、锌、银、钒、锰、钴、铊等其他重金属污染物。各级环境保护部门要高度重视重金属排放企业的自行监测能力建设，要在环境影响评价审批、环境保护验收、日常监督管理等各环节，督促企业加大自行监测能力建设。

以标准化建设为中心，强化能力建设，完善环境监测技术体系，建立新的用人、分配、奖励等高效管理机制。以实现环境监测现代化为目标，抓好环境自动监测系统建设。以提高计算机网络技术为突破口，加快站内数据管理系统的建设步伐，实现数据资源共享。以摸清污染源排放情况为目标，积极开展重点污染源自动在线监测系统。建立宜章市 8 家重金属污染重点污染源在线监控体系，进一步提升监管执法水平。

6.3.6.3　建立重金属污染预警监控应急体系

建立环境预警响应能力。重点防控区设置环境预警处置系统，加强重点区域的环境预警体系建设，尤其要加强集中式饮用水水源地重金属污染预警体系建设。县环境监测机构应重点配置现场采样、现场调查及定性与半定量的应急仪器设备，强化重金属污染监测机构应急能力建设。

建立突发性重金属污染应急响应机制。建立健全重金属环境风险防控系统和企业环境应急预案体系，建设精干实用的环境应急处置队伍，构建环境应急物资储备网络，建立统一、高效的环境应急信息平台。

　　建立污染源监控体系，逐步实施自动监控。提升应对突发重金属环境污染事件的环境执法快速响应能力，将重金属污染监控信息化建设作为环境管理电子政务综合信息平台及环境监管电子政务应用系统建设重要内容，建立重金属污染监控数据的传输、管理、分析、审核与发布体系。逐步建立重金属重点污染源在线监控体系，提升监管执法水平。

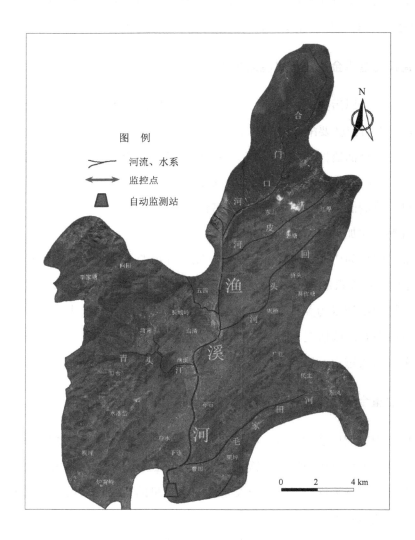

图 6-12　渔溪河流域重金属污染监控点布置

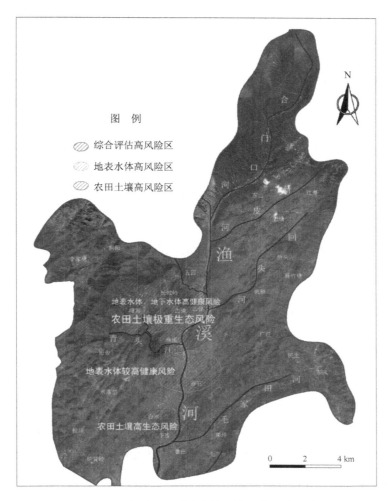

图 6-13　渔溪河流域重金属污染环境风险现状

6.3.7　强化民生保障能力建设

6.3.7.1　加强应急性民生保障

加强尚未受到重金属污染的饮用水水源地保护，清除保护区内的污染源，加强风险防范措施和风险监管。对于现有饮用水水源地已被重金属污染的，依法关闭和取缔保护区内导致水源地重金属超标的工业企业。对于保护区外的上游污染源导致重金属超标的，切实加强监管。对于因重金属污染导致的水不能饮用、地不能耕种、房屋不能居住，或是由于涉重金属产业开发导致生产生活基本条件丧失，且短期内难以根本改善的，应妥善安置好失地居民，努力维护社会稳定。

6.3.7.2　提高卫生健康保障水平

严格执行《职业病防治法》，督促涉重金属企业做好职业病防治工作，保护劳动者的身体健康。建立重金属污染健康危害监测评估制度，在重点防控区域科学合理地确定潜在高风险人群为重点体检对象，开展重金属污染人群健康危害监测、调查和评估。指导重点地区和企业内职工进行安全防护，提高职业健康保障水平。对于高风险人群，由政府指定的具有资质和能力的卫生机构进行健康体检；对于抽样体检超标的地区，要对潜在风险人群进行全面体检，对于需要治疗的人群给予免费诊疗。相关费用由责任单位承担，无责任单位的诊疗费用，由当地政府负责解决。

6.3.7.3　逐步建立农产品安全保障体系

开展农田（耕地）土壤、城市周边土壤重金属污染普查，加强重点区域农产品重金属污染状况评估。对主要农产品产地进行小比例尺加密普查，对农产品产地重点防控区域实施定点监测，建立农产品产地安全档案，为农产品产地禁止生产区划分提供决策依据。严格控制污灌区面积，严格污水灌溉管理，确保灌溉用水符合农田灌溉水质标准要求。研究并推广重金属低累积农作物品种，降低农业面源重金属污染对人体健康的危害；开展重金属污染环境下的农产品安全风险评估。加强对工业废渣、生活垃圾和禽畜粪便作为农用的管理，严格履行审批制度，对经检验不符合农用标准的矿场废渣、生活垃圾和禽畜粪便不得批准进入农业生产区域。

6.3.8　强化重金属污染防治相关制度建设

6.3.8.1　建立完善重金属污染事故应急处理制度

建立健全分类管理、分级负责、属地为主、全社会共同参与的重金属污染事故应急管理机制，重点加强重点区域、重点流域及集中式饮用水水源地重金属污染应急能力建设；制定完善环境应急预案，加强重金属污染事故预警和应急能力建设；建立企业、部门预案报备制度，建设市级环境应急指挥平台，积极开展应急演练；建立信息的快速汇报和发布机制，自上而下形成统一指挥、反应灵敏、协调有序、运转高效的应急管理机制；加强信息沟通与全社会参与，提高重金属污染突发事件的危机管理和抗风险能力。

6.3.8.2　探索建立重金属污染的土地利用新政策

对重金属排放企业周边土地及历史遗留重金属矿山周边土地开展环境与健康风险评估，确定风险等级。重金属污染场地土地利用方式或土地使用权人变更时，土地利用受益方必须进行重金属污染调查并建立档案。对于污染企业搬迁后的厂址和其他可能受到污染的土地进行开发利用的，当地政府要督促有关责任单位或个人开展污染土壤风险评价，明确修复和治理的责任主体和技术要求，降低土地再利用的环境风险，特别是改为居住用地对人体健康的风险。

探索建立农产品产地土壤分级管理利用制度，分类型制定和实施污染土壤管理对策，搞好种植结构调整。对于未污染的农田土壤要采取措施，严防重金属污染；对于污染程度较低，仍可保留耕地性质的可耕地，要指导监督当地农民转向种植非食用作物、低累积作物，并结合实际采取措施进行修复；对于污染较严重且难以修复的耕地，要在开发补充相同面积、相等质量耕地的前提下，依法定程序批准后将土地用途转变为其他非农用地。对于城郊区污染严重、治理困难的农用地转变为城市建设用地的，要符合土地利用总体规划，并履行建设用地占用耕地"占补平衡"义务。

—— 第7章 ——

锑污染防治技术展望

中国作为锑储备量最多的国家，大量的锑随着锑矿的风化、开采、冶炼、化石燃料以及锑产品的广泛使用不可避免地进入环境，并通过皮肤接触、呼吸以及食物链等方式影响人类健康。长期以来，许多学者都深入研究去除锑的有效技术，以降低锑对环境和人体造成的危害。但是，对锑污染防治技术开展更加深入的研究仍然刻不容缓。对锑污染防治技术展望如下：

（1）研究全生命周期的锑污染防治技术，包括源头预防、过程控制和末端治理，推动锑污染物源头减量，减少或者避免生产、服务和产品使用过程中锑污染物的产生和排放，实现源头改善环境质量和减污降碳协同增效。对进口原料建立准入标准与条件；减少或避免锑冶炼过程中鼓风炉、反射炉的无序排放和损失，提升自动化、智能化水平；综合利用余热；高效回收冶炼废渣中的有价资源。推进绿色矿山建设，提高对低品位、多金属伴生锑矿资源的高效利用。

（2）揭示锑在环境中的形态及其毒理特征，深入研究环境中锑的迁移转化机制、过程调控、生态毒理效应和健康风险。

（3）揭示锑污染的控制机理。筛选普适性高、吸附量大、可循环利用、能投入商业化生产和应用的吸附材料。针对不同类型的重金属污染研发对应捕集剂，提高选择性去除的效率。研究绿色、经济、高效、低能耗的生物联合修复技术，以处理更大规模以及更复杂的污染区域。探寻锑富集植物，拓展植物在锑污染防治中的实际应用。

（4）随着计算机科学与材料学、化学的交叉与融合，研发绿色高效的重金属锑捕集剂的可控制备方法。以量子化学、分子模拟、机器学习、智能计算、材料基因组等方法为手段，揭示复合材料界面调控机制及结构与性能构效关系，建立基于跨尺度智能计算的理论模型及材料数据库，设计结构功能一体化的新材料，加速智能和多级结构复合材料的发现及验证研发进程，创新并实现先进基础相材料的可控制备和高质量绿色制造。

（5）研究复合污染协同控制技术与智慧环保装备应用，充分发挥各类技术的优点，提高复合污染的协同去除效率，降低处理成本，减少二次污染。在"绿色+""智慧+"环境综合管理理念下，充分利用物联网、云计算、人工智能、大数据等信息化技术，研发信息获取、污染溯源、监测预警、环境监管、智能执法、污染处置以及公共服务等方面的应用，开发一系列自主创新的技术工艺、成套产品、装备设备并快速转化应用。

（6）矿区生态修复属于交叉学科，涉及采矿、选矿、冶金、地质、测绘、土地、规划、水利、环境、生态、管理等多个领域。我国矿区生态修复研究起步较晚，但近年来发展迅速，在国际上产生了重要的影响力。但仍有待深入研究如何有力维护区域生态系统的完整性，切实保证生态过程的连续性、高质量改善生态系统的服务功能。通过严守生态保护红线，构建生态安全预警体系，实施"多要素"耦合协同治理模式，发展环境友好型特色产业，以维持生态系统自身结构、功能完整与可持续健康发展。优化配置生物种群，阶段性修复退化物种，提高生物丰度，确保其不断演替并持续向好。注重优化调整土地利用类型结构，尤其是水土流失防治及植被质量、结构和功能恢复；系统保护山水林田湖草沙冰等生态系统，深入挖掘生态资源优势并将其转化为经济发展优势。

参考文献

[1] 张晓茹，孔少飞，银燕，等．亚青会期间南京大气 $PM_{2.5}$ 中重金属来源及风险[J]．中国环境科学，2016，36（1）：1-11.

[2] William Shotyk，Michael Krachler. Contamination of Bottled Waters with Antimony Leaching from Polyethylene Terephthalate（PET）Increases upon Storage[J]. Environmental Science & Technology，2007，41（5）：1560-1563.

[3] 齐文启，曹杰山．锑（Sb）的土壤环境背景值研究[J]．土壤通报，1991，22（5）：209-210.

[4] Riveros，PA. The Removal of Antimony from Copper Electro-lytes Using Amino-Phosphonic Resins：Improving the Elution of Pentavalent Antimony[J]. Hydrometallurgy，2010，105：110-114.

[5] Uluozlu OD，Tuzen M，Mendil D，et al. Determination of As(III) and As(V) species in some natural water and food samples by solid-phase extraction on Streptococcus pyogenes immobilized on Sepabeads SP 70 and hydride generation atomic absorption spectrometry[J]. Food & Chemical Toxicology，2010，48（5）：1393-1398.

[6] Cheng K，Wu YN，Zhang B，et al. New insights into the removal of antimony from water using an iron-based metal-organic framework：Adsorption behaviors and mechanisms[J]. Colloids and Surfaces A Physicochemical and Engineering Aspects，2020，602：125-126.

[7] 马祥爱，秦俊梅，张亚尼．锑在不同土壤中的解吸行为比较[J]．农业环境科学学报，2015（8）：1528-1534.

[8] 李益华，邱亚群，李二平，等．湖南省某锑矿区土壤砷形态与剖面分布特征[J]．湘潭大学自然科学学报，2020（1）：45-52.

[9] 孙浩然，胥思勤，任弘洋，等．酒石酸、苹果酸对锑矿区土壤中砷锑的淋洗研究[J]．地球与环境，

2016，44（3）：304-308.

[10] 张静静，周凤飒，黄雷，等. 淋洗修复冷水江锡矿区的砷锑污染土壤[J]. 江西农业学报，2019，31（7）：63-68.

[11] Couto, Nazare Ferreira, Ana Rita Lopes, et al. Electrodialytic recovery of rare earth elements from coal ashes[J]. Electrochimica Acta，2020，359（1）：8-10.

[12] 梁颖. 锑污染土壤固化-稳定化的影响因素[J]. 化工环保，2021（1）：61-65.

[13] 宋刚练. 重金属锑污染土壤固化-稳定化修复技术研究及应用[J]. 环境与可持续发展，2018，43（2）：61-64.

[14] 唐礼虎. 铁基材料对锑污染土壤固化稳定化应用效果研究[J]. 科学技术创新，2020（10）：128-129.

[15] 王华伟，李晓月，李卫华，等. pH 和络合剂对五价锑在水钠锰矿和水铁矿表面吸附行为的影响[J]. 环境科学，2017，38（1）：8-10.

[16] Looser M，Parriaux A，Bensimon M. Landfill underground Pollution detection and Characterization using inorganic traces [J]. Water Research，1999，33（17）：3609-3625.

[17] Nelson Belzile，Chen YW，Deng TL. Antimony speciation at ultra trace levels using hydride generation atomic fluorescence spectrometry and 8-hydroxyquinoline as an efficient masking agent[J]. Analytica Chimica Acta. 2001，432（2）：12-16.

[18] Casiot C，Egal M，Elbaz-Poulichet F，et al. Hydrological and geochemical control of metals and arsenic in a Mediterranean river contaminated by acid mine drainage（the Amous River，France）；preliminary assessment of impacts on fish（Leuciscus cephalus）[J]. Applied Geochemistry，2009，24（5）：787-799.

[19] 张青莲，刘炳寰. 锑的同位素丰度[J]. 化学通报，1989（12）：21-22.

[20] Paul Andrewes，William R Cullen，Elena Polishchuk. Antimony biomethylation by Scopulariopsis brevicaulis：characterization of intermediates and the methyl donor[J]. Chemosphere，2000，41（11）：1717-1725.

[21] 张伟宁，李静，刘军. 用分步沉积法去除 Nb(OH)$_5$/Ta(OH)$_5$ 中 Ti，Sb 等金属杂质的工艺研究[J]. 宁夏工程技术，2002，1（3）：216-217.

[22] Yuko，Nakamura，Takashi，et al. Antimony in the aquatic environment in north Kyushu district of Japan[J]. Water Science and Technology，1996，34（7-8）：133-136.

[23] Meea Kang，Tasuku Kamei，Yasumoto Magara. Comparing polyaluminum chloride and ferric chloride for antimony removal [J]. Water Research，2003，37（17）：4171-4179.

[24] 杜军. 锑矿选矿尾矿废水的处理研究[J]. 甘肃有色金属，1995，（4）：32-35.

[25] 李中平.中国锑行业发展现状及高质量发展建议[J].中国国土资源经济，2021，34（3）：17-20.

[26] 张志，赵永斌，刘如意. 微电解-中和沉淀法处理酸性重金属矿山地下水的试验研究[J]. 有色金属，2002，（2）：44-47.

[27] 张寿恺，邱梅. KDF 在饮用水处理中的应用[J]. 中国给水排水，1996，12（4）：45-46.

[28] Xu YH，OHKI A，MAEDA S. Adsorption and removal of antimony from aqueous solution by an activated Alumina[J]. Toxicological & Environmental Chemistry，2001，80（3/4）：133-144.

[29] Nalan Ozdemir，Mustafa Soylak，Latif Elci，et al. Speciation analysis of inorganic Sb(III) and Sb(V) ions by using mini column filled with Amberlite XAD-8 resin [J]. Analytica Chimica Acta，2004，505（1）：37-41.

[30] Riveros P，Dutrizac J，Lastra R. A study of the ion exchange removal of antimony(III) and antimony(V) from copper electrolytes[J]. Canadian metallurgical quarterly，2008，47（3）：307-316..

[31] Yamashita，Hiroshi. 含锑水溶液处理方法[P]. 日本专利：JP2001232352A2，2001.

[32] 施周，黄鑫. 水中锑污染的治理现状与研究进展[C]//中国土木工程学会工业给水排水委员会换届暨 2004 水处理技术交流会. 中国土木工程学会，2004.

[33] 李志萍，杨晶晶，孙程奇，等. 水中锑污染处理方法的研究进展[J]. 工业水处理，2018（6）：18-21.

[34] 孙蕾. 中国锑工业污染现状及其控制技术研究[J]. 环境工程技术学报，2012，2（1）：60-66.

[35] 徐清华，樊鹏，董红钰，等. 吸附法去除水中锑的研究进展综述. 土木与环境工程学报，2020，42（6）：143-152.

[36] 王学文，陈启元，龙子平，等. Sb 在铜电解液净化中的应用[J]. 中国有色金属学报，2002，12（6）：71-72.

[37] Ma B，Wang X，Liu R，et al. Enhanced antimony(V) removal using synergistic effects of Fe hydrolytic flocs and ultrafiltration membrane with sludge discharge evaluation[J]. Water research，2017，121：171-177.

[38] Zhu J，Wu F，Pan X，et al. Removal of antimony from antimony mine flotation wastewater by electrocoagulation with aluminum electrodes[J]. Journal of Environmental Sciences，2011，23（7）：1066-1071.

[39] Song P，Yang Z，Xu H，et al. Investigation of influencing factors and mechanism of antimony and arsenic removal by electrocoagulation using Fe–Al electrodes[J]. Industrial & Engineering Chemistry Research，2014，53（33）：12911-12919.

[40] Cao D，Zeng H，Yang B，et al. Mn assisted electrochemical generation of two-dimensional Fe-Mn layered double hydroxides for efficient Sb(V) removal[J]. Journal of hazardous materials，2017，336：33-40.

[41] Bullough F，Weiss D J，Dubbin W E，et al. Evidence of competitive adsorption of Sb(III) and As(III) on

activated alumina[J]. Industrial & engineering chemistry research，2010，49（5）：2521-2524.

[42] Wang T，Jiao Y，He M，et al. Facile co-removal of As(V) and Sb(V) from aqueous solution using Fe-Cu binary oxides：Structural modification and self-driven force field of copper oxides[J]. Science of The Total Environment，2022，803：84-89.

[43] Lai Z，He M，Lin C，et al. Interactions of antimony with biomolecules and its effects on human health[J]. Ecotoxicology and Environmental Safety，2022，233：17-23.

[44] Wang A，He M，Ouyang W，et al. Effects of antimony(III/V) on microbial activities and bacterial community structure in soil[J]. Science of The Total Environment，2021，789：73-83.

[45] He M，Wang N，Long X，et al. Antimony speciation in the environment：Recent advances in understanding the biogeochemical processes and ecological effects[J]. Journal of Environmental Sciences，2019（1）：26.

[46] Fei J，Min X，Wang Z，et al. Health and ecological risk assessment of heavy metals pollution in an antimony mining region：a case study from South China[J]. Environmental Science and Pollution Research，2017，24（35）：27573-27586.

[47] 张晓健. 甘肃陇星锑污染事件和四川广元应急供水[J]. 给水排水，2016，42（10）：9-20.

[48] 张晓健，陈超，米子龙，等. 饮用水应急除镉净水技术与广西龙江河突发环境事件应急处置[J]. 给水排水，2013，39（1）：24-32.

[49] 赵志龙，何孟常，王建兵，等. 镍钴锡锑采选行业重金属污染与防治[M]. 北京：清华大学出版社，2015.

[50] 杨晓松，陈谦，乔琦，等. 有色金属冶炼重点行业重金属污染控制与管理[M]. 北京：中国环境出版社，2014.

[51] 王振兴. 流域锑矿开采重金属污染环境风险评估与管理研究[C]学术年会. 中国环境科学学会，2012，106-115.

[52] 范宇睿. 不同环境因子对类金属锑在黑土中吸附特性影响研究[D]. 西安：西安交通大学，2020.

[53] 张燕，韩志勇，庞志华，等. 锑矿废水污染应急处置实验研究[J]. 工业安全与环保，2013，39（3）：16-18.

[54] 张燕，庞志华，雷育涛，等. 混凝沉淀法处理锑离子的影响因素及动力学研究[J]. 安全与环境学报，2013，13（3）：50-53.

[55] 任杰，刘晓文，李杰，等. 我国锑的暴露现状及其环境化学行为分析[J]. 环境化学，2020（12）：3436-3449.

[56] 蔡永兵，邵俐，范行军，等. 安徽花山尾矿库溃坝污染农田土壤中 As、Sb 的释放及垂向迁移特征[J]. 环境化学，2020（9）：2479-2489.

[57] 杨昆仑，周家盛，吕丹，等．铁基复合材料的制备及其对水中锑的去除[J]．化学进展，2017，29（11）：1407-1421．

[58] 董梦萌，高圣华，顾雯，等．锑的健康效应及短期暴露健康风险[J]．中国公共卫生管理，2018，34（3）：332-335．

[59] 邓仁健，金昌盛，侯保林，等．微生物处理含锑重金属废水的研究进展[J]．环境污染与防治，2018，40（4）：465-472．

[60] 杨秀贞，周腾智，任伯帜．矿区锑污染及其控制技术研究现状[J]．枣庄学院学报，2018，35（5）：16-23．

[61] 宋姗姗，胡涛，刘爽．饮用水中重金属锑去除技术研究进展[J]．净水技术，2019，38（6）：57-62．

[62] 杨飞莹，田浩浩，杜苗，等．秦岭南麓某流域锑污染应急处置试验研究[J]．有色矿冶，2022，38（6）：44-46．

[63] 刘连华，欧阳威，何孟常，等．基于文献计量的锑对农作物影响研究趋势[J]．中国环境科学，2022，42（10）：4798-4806．

[64] 罗正雅，刘畅，黄磊，等．重金属捕集剂在水处理中的研究与应用进展综述[J]．环境污染与防治，2022，44（11）：1519-1525．

[65] 宋心语．两种 Fe_3O_4@铁基 MOFs 对废水中 Sb(Ⅲ)的吸附回收性能研究[D]．长沙：中南林业科技大学，2023．

[66] 郑清星．基于 PSO-SVR 的水处理效果预测研究——以采选矿废水与市政污水为例[D]．长沙：中南林业科技大学，2023．

[67] 罗正雅．铁基材料吸附废水中锑（Ⅲ）及抗菌研究[D]．株洲：湖南工业大学，2023．

[68] Zhong Q，Li L，He M，et al. Toxicity and bioavailability of antimony to the earthworm（Eisenia fetida）in different agricultural soils[J]. Environmental Pollution，2021，291：15-18.

[69] Fu X，Zheng Q，Jiang G，et al. Water quality prediction of copper-molybdenum mining-beneficiation wastewater based on the PSO-SVR model[J]. Frontiers of Environmental Science & Engineering，2023，17（98）：19-22.

[70] Fu X，Song X，Zheng Q，et al. Frontier Materials for Adsorption of Antimony and Arsenic in Aqueous Environments：A Review[J]. International Journal of Environmental Research and Public Health，2022，19：28-31.

[71] Wang T，Jiao Y，He M，et al. Deep insight into the Sb(Ⅲ) and Sb(Ⅴ) removal mechanism by Fe–Cu-chitosan material[J]. Environmental Pollution，2022，303：160-165.

[72] 刘连华，欧阳威，何孟常，等．基于文献计量的锑对农作物影响研究趋势[J]．中国环境科学，2022，42（10）：4798-4806．

[73] 姜昱聪，夏天翔，贾晓洋，等. 铁铝吸附剂对起爆药污染土壤中锑的稳定化研究[J]. 中国环境科学，2020，40（08）：3520-3529.

[74] 郭文景，张志勇，符志友，等. 锑的淡水水质基准及其对我国水质标准的启示[J]. 中国环境科学，2020，40（04）：1628-1636.

[75] 罗江兰，张翅鹏，杨泽延，等. 矿山污染水库锑形态及分布受溶解性有机质影响研究[J]. 环境科学学报，2023，43（03）：226-233.

[76] 李成，李毅洲，杨昆仑，等. 纳米零价铁硫化改性对印染废水中锑的强化去除机制研究[J]. 环境科学学报，2023，43（02）：51-60.

[77] 徐思蔚，周鹏飞，崔昕毅. 锡矿山矿区食物中的锑污染及生物可给性研究[J]. 环境科学学报，2021，41（12）：5137-5142.

[78] 倪亭亭，邹长伟，史晓燕. DTCR-2 处理矿山废水的试验研究[D]. 南昌：南昌大学，2014.

[79] Gong B，Peng Y T，Pan Z Y，et al. Gram-scale synthesis of monodisperse sulfonated polystyrene nanospheres for rapid and efficient sequestration of heavy metal ions[J]. Chemical Communications，2017，53（95）：12766-12769.

[80] Yang X D，Wan Y S，Zheng Y L，et al. Surface functional groups of carbon-based adsorbents and their roles in the removal of heavy metals from aqueous solutions：A critical review[J]. Chemical Engineering Journal，2019，366：608-621.

[81] Xiao R，Wang S，Li R H，et al.Soil heavy metal contamination and health risks associated with artisanal gold mining in Tongguan，Shaanxi，China[J]. Ecotoxicology and Environmental Safety，2017，141：17-24.

[82] Vardhan K H，Kumar P S，Panda R C. A review on heavy metal pollution，toxicity and remedial measures：Current trends and future perspectives[J]. Journal of Molecular Liquids，2019，290：111197.

[83] Al-rashdi B，Somerfield C，Hilal N. Heavy Metals Removal Using Adsorption and Nanofiltration Techniques[J]. Separation & Purification Reviews，2011，40（3）：209-259.

[84] Bailey S E，Olin T J，Bricka R M，et al. A review of potentially low-cost sorbents for heavy metals[J]. Water Research，1999，33（11）：2469-2479.

[85] Khraisheh M A M，Al-degs Y S，Mcminn W A M. Remediation of wastewater containing heavy metals using raw and modified diatomite[J]. Chemical Engineering Journal，2004，99（2）：177-184.

[86] 包文君. 重金属捕集剂的研究进展[J]. 城市地理，2017（12）：184.

[87] 崔丽娜. 化学镀铜镍废水的处理研究[D]. 青岛：青岛理工大学，2019.

[88] 吴婷婷. 重金属捕集剂的制备与应用[D]. 无锡：江南大学，2013.

[89] 相波，刘亚菲，李义久，等. DTC 类重金属捕集剂研究的进展[J]. 电镀与环保，2003，23（6）：

1-4.

[90] 郝昊天. 新型重金属捕集剂的制备及其应用性能研究[D]. 南京：南京理工大学，2014.

[91] Hamooda E S，Al-fahdawi A S. Application of salicylaldehyde based-metal binuclear dithiocarbamate complexes for iron and copper removal from wastewater[C]//IOP Conference Series：Materials Science and Engineering. IOP Publishing，2021，1058（1）：012083.

[92] Zhen H B，Xu Q，Hu Y Y, et al. Characteristics of heavy metals capturing agent dithiocarbamate（DTC） for treatment of ethylene diamine tetraacetic acid-Cu（EDTA-Cu） contaminated wastewater[J]. Chemical Engineering Journal，2012，209：547-557.

[93] Li Y J，Zeng X P，Liu Y F，et al. Study on the treatment of copper-electroplating wastewater by chemical trapping and flocculation[J]. Separation and Purification Technology，2003，31（1）：91-95.

[94] Tyapochkin E M，Kozliak E I. Kinetic and binding studies of the thiolate-cobalt tetrasulfophthalocyanine anaerobic reaction as a subset of the Merox process[J]. Journal of Molecular Catalysis A：Chemical，2005，242（1-2）：1-17.

[95] Bai L，Hu H P，Fu W，et al. Synthesis of a novel silica-supported dithiocarbamate adsorbent and its properties for the removal of heavy metal ions[J]. Journal of Hazardous Materials，2011，195：261-275.

[96] 李清峰，赖水秀，杨岳平. DTC 类重金属捕集剂对 Cu^{2+} 去除的实验研究[J]. 浙江大学学报（理学版），2014，41（01）：78-81.

[97] Werle P，Trageser M，beck M. Method for the production of 2，4，6-trimercapto-1，3，5-triazine：U.S. Patent 8，114，992[P]. 2012-2-14.

[98] 王榕，万金保，刘秀梅. 两类不同重金属捕集剂在处理金属矿山废水时的对比研究[J]. 第十三届全国水处理化学大会暨海峡两岸水处理化学研讨会摘要集-S1 物理化学法，2016.

[99] Matlock M M，Henke K R，Atwood D A，et al. Aqueous leaching properties and environmental implications of cadmium，lead and zinc trimercaptotriazine（TMT） compounds[J]. Water Research，2001，35（15）：3649-3655.

[100] Matlock M M，Henke K R，Atwood D A. Effectiveness of commercial reagents for heavy metal removal from water with new insights for future chelate designs[J]. Journal of Hazardous Materials，2002，92（2）：129-142.

[101] Chang Y K，Chang J E，Lin T T，et al. Integrated copper-containing wastewater treatment using xanthate process[J]. Journal of Hazardous Materials，2002，94（1）：89-99.

[102] Nair P S，Radhakrishnan T，Revaprasadu N，et al. Cadmium ethylxanthate：A novel single-source precursor for the preparation of CdS nanoparticles[J]. Journal of Materials Chemistry，2002，12（9）：2722-2725.

[103] Pradhan N，Katz B，Efrima S. Synthesis of high-quality metal sulfide nanoparticles from alkyl xanthate single precursors in alkylamine solvents[J]. The Journal of Physical Chemistry B，2003，107（50）：13843-13854.

[104] Sreekumari N P，Revaprasadu N，Radhakrishnan T，et al. Preparation of CdS nanoparticles using the cadmium（Ⅱ）complex of N，N'-bis（thiocarbamoyl）hydrazine as a simple single-source precursor[J]. Journal of material chemistry，2001，11（6）：1555-1556.

[105] Singhal A，Dutta D P，Tyagi A K，et al. Palladium（Ⅱ）/allylpalladium（Ⅱ）complexes with xanthate ligands：Single-source precursors for the generation of palladium sulfide nanocrystals[J]. Journal of Organometallic Chemistry，2007，692（23）：5285-5294.

[106] Venter J A，Vermaak M K G. Mechanisms of trithiocarbonate adsorption：A flotation perspective[J]. Minerals Engineering，2008，21（12-14）：1044-1049.

[107] Henke K R. Chemistry of heavy metal precipitates resulting from reactions with Thio‑Red®[J]. Water Environment Research，1998，70（6）：1178-1185.

[108] Lewellyn M E，Spitzer D P. Preparation of modified acrylamide polymers：U.S. Patent 4，902，751[P]. 1990-2-20.

[109] 王碧，许桂丽，胡星琪. 含羟肟酸侧基高分子重金属捕集剂处理含铅废水的研究[J]. 化学研究与应用，2008，20（5）：561-564.

[110] Buckley A N，Parker G K. Adsorption of n-octanohydroxamate collector on iron oxides[J]. International Journal of Mineral Processing，2013，121：70-89.

[111] 史小慧，王蕊欣，高保娇，等. 水杨羟肟酸功能化聚合物/硅胶螯合吸附材料 SHA-PHEMA/SiO$_2$ 的制备及吸附性能[J]. 高分子材料科学与工程，2015，31（2）：139-144.

[112] 徐颖，张方. 重金属捕集剂处理废水的试验研究[J]. 河海大学学报：自然科学版，2005，33（2）：153-156.

[113] Mohammadi Z，Shangbin S，Berkland C，et al. Chelator-mimetic multi-functionalized hydrogel：Highly efficient and reusable sorbent for Cd，Pb，and As removal from waste water[J]. Chemical Engineering Journal，2017，307：496-502.

[114] Wang R X，Lei C P，Wang H J，et al. Chelating properties of salicylhydroxamic acid-functionalized polystyrene resins and its application to efficient removal of heavy metal ions from aqueous solutions[J]. Chemical Research in Chinese Universities，2015，31（3）：471-476.

[115] Qiu X J，Hu H P，Yang J P，et al. Removal of trace copper from simulated nickel electrolytes using a new chelating resin[J]. Hydrometallurgy，2018，180：121-131.

[116] Bagheri A R，Aramesh N，Sher F，et al. Covalent organic frameworks as robust materials for mitigation

of environmental pollutants[J]. Chemosphere，2021，270：129523.

[117] Li W，Zhang Z M，Zhang R R，et al. Effective removal matrix interferences by a modified QuEChERS based on the molecularly imprinted polymers for determination of 84 polychlorinated biphenyls and organochlorine pesticides in shellfish samples[J]. Journal of Hazardous Materials，2020，384：121241.

[118] Bagheri A R，Aramesh N，Khan A A，et al. Molecularly imprinted polymers-based adsorption and photocatalytic approaches for mitigation of environmentally-hazardous pollutants-a review[J]. Journal of Environmental Chemical Engineering，2021，9（1）：104879.

[119] Waller P J，Gándara F，Yaghi O M. Chemistry of covalent organic frameworks[J]. Accounts of Chemical Research，2015，48（12）：3053-3063.

[120] Zhu R M，Ding J W，Jin L，et al. Interpenetrated structures appeared in supramolecular cages，MOFs，COFs[J]. Coordination Chemistry Reviews，2019，389：119-140.

[121] Gendy E A，Ifthikar J，Alij，et al. Removal of heavy metals by Covalent Organic Frameworks（COFs）：A review on its mechanism and adsorption properties[J]. Journal of Environmental Chemical Engineering，2021，9（4）：105687.

[122] Yang C H，Chang J S，Lee D J. Covalent organic framework EB-COF：Br as adsorbent for phosphorus(V) or arsenic(V) removal from nearly neutral waters[J]. Chemosphere，2020，253：126736.

[123] Xu J，Cao Z，Zhang Y L，et al. A review of functionalized carbon nanotubes and graphene for heavy metal adsorption from water：Preparation，application，and mechanism[J]. Chemosphere，2018，195：351-364.

[124] Schoedel A，Li M，Li D，et al. Structures of Metal-Organic Frameworks with Rod Secondary Building Units[J]. Chemical Reviews，2016：12466-12535.

[125] Ghaedi A M，Panahimehr M，Nejad A，et al. Factorial experimental design for the optimization of highly selective adsorption removal of lead and copper ions using metal organic framework MOF-2(Cd)[J]. Journal of Molecular Liquids，2018.

[126] Gurung M，Adhikari B B，Kawakita H，et al. Selective Recovery of Precious Metals from Acidic Leach Liquor of Circuit Boards of Spent Mobile Phones Using Chemically Modified Persimmon Tannin Gel[J]. Industrial & Engineering Chemistry Research，2012，51（37）：11901.

[127] Waller P J，Gandara F，Yaghi O M. Chemistry of Covalent Organic Frameworks [J]. Acc Chem Res，2015，48（12）：3053-63.

[128] Pyles D A，Crowe J W，Baldwin L A，et al. Synthesis of Benzobisoxazole-Linked Two-Dimensional Covalent Organic Frameworks and Their Carbon Dioxide Capture Properties [J]. ACS Macro Letters，2016，5（9）：1055-8.

[129] Liu X，Pang h，Liu X，et al. Orderly Porous Covalent Organic Frameworks-based Materials：Superior Adsorbents for Pollutants Removal from Aqueous Solutions[J]. The Innovation，2021，2（1）：29.

[130] Li X，Qi Y，Yue G，et al. Solvent-and catalyst-free synthesis of an azine-linked covalent organic framework and the induced tautomerization in the adsorption of U(vi) and Hg(ii) [J]. Green Chemistry，2019，21（3）：649-57.

[131] Huang N，Zhai L，Xu H，et al. Stable Covalent Organic Frameworks for Exceptional Mercury Removal from Aqueous Solutions [J]. J Am Chem Soc，2017，139（6）：2428-34.

赛恩斯环保股份有限公司简介

赛恩斯环保股份有限公司成立于 2009 年，坐落在美丽的星城长沙，是一家专业从事重金属污染防治的高新技术企业，是科创板上市公司。

赛恩斯环保股份有限公司以成为重金属污染防治领域的领航者为核心发展目标，公司长期坚持研发与创新，形成了污酸资源化治理系列技术、重金属废水深度处理与回用系列技术、含砷危险废物矿化解毒和重金属污染环境修复四大技术体系，实现了规模化、产业化应用。多项技术获国家技术发明二等奖、环境保护科学技术二等奖、中国专利奖等奖项、中国有色金属工业科学技术一等奖等。

公司资质完备，是能够提供全方位环境治理服务且拥有完整产业链的综合环境服务供应商。公司已形成集研发、咨询、设计、制造、工程总承包、营运、投融资于一体的完整环保产业链，公司产品和服务在全国上百家采、选、冶等大中型有色企业应用，业务涵盖重金属污酸、废水、废渣治理和资源化利用、环境修复、药剂与设备生产销售、设计及技术服务、环保管家、环境咨询、环境检测等领域。

公司拥有专业化技术研发团队 100 多人，为国家重金属污染防治工程技术研究中心产业化基地，拥有博士后科研工作站、中国有色行业污染治理与装备工程技术研究中心、湖南有色行业重金属污染治理技术与装备工程技术中心、湖南省企业技术中心等科研平台。公司通过自主研发，同时以产学研合作为辅助的方式，与中南大学、湖南农业大学、湖南省环境保护研究院等高校、科研院所建立了产学研合作关系，持续开展研发活动，获得专利 70 余项。

作为国内领先的重金属污染防治综合解决方案提供商，公司始终专注于重金属污染防治。有色行业重金属废水成分复杂、硬度高、深度处理难、回用难度大，采用传统的石灰中和法、硫化法、铁盐-石灰法等重金属废水处理方法普遍存在不能同步脱除多种重金属、处理效果不稳定、无法稳定达到日益严格的污染物排放控制标准、产生的渣量大等问题；传统方法出水配套膜处理脱盐回用模块，由于硬度高、重金属脱除效果不稳定等因素，会导致回用模块运行效率低、回收率低、运行成本高。因此，针对不同行业、不同水质、不同处理要求公司开发了重金属废水深度处理与回用系列技术，处理对象从单纯重金属污染废水延伸到受重金属和 COD、氟化物、总磷、总硬度等多种污染物复合污染的废水。

生物制剂是从重金属的亲生物性原理出发，以氧化亚铁硫杆菌、氧化硫杆菌等为主的复合功能菌群形成的大分子代谢产物（各类蛋白质酶）与其他化合物进行组分设计，合成制备的含有大量羟基、巯基、羧基、氨基等功能基团组的大分子重金属废水复合配位体处理药剂。

生物制剂高效脱除重金属离子主要原理是生物制剂富含的多种有效功能基团和废水中重金属离子接触时能够快速"抱团"，生成稳定的配位体，配位体在调节废水酸碱度条件下沉降，再通过固液分离实现废水中重金属脱除的目的。一方面，基于如前所述的重金属"亲生物性"特征，重金属和功能基团之间的结合力强于一般的物理化学沉淀、混凝、吸附等作用，稳定性更好；另一方面，因为多种功能基团的存在，"多拳出击"，对多种不同重金属离子能做到同步配位结合，确保多种重金属离子一步深度脱除。生物制剂脱除重金属的主要原理图示如下：

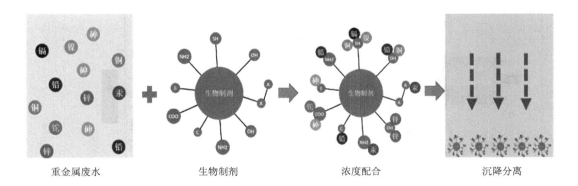

| 重金属废水 | 生物制剂 | 浓度配合 | 沉降分离 |

注：（1）生物制剂主要成分中 SH、OH、COO、NH₂ 分别代表微生物代谢产物以及基团嫁接所获得的巯基、羟基、羧基、氨基功能基团，A、B、C……代表铁基、铝基等化合物；（2）上图为示意图，其中基团数量不代表实际生物制剂有效成分浓度，深度配合图示不代表不同基团和重金属之间的结合能力。

公司重金属废水深度处理与回用系列技术典型工艺流程如下图所示：

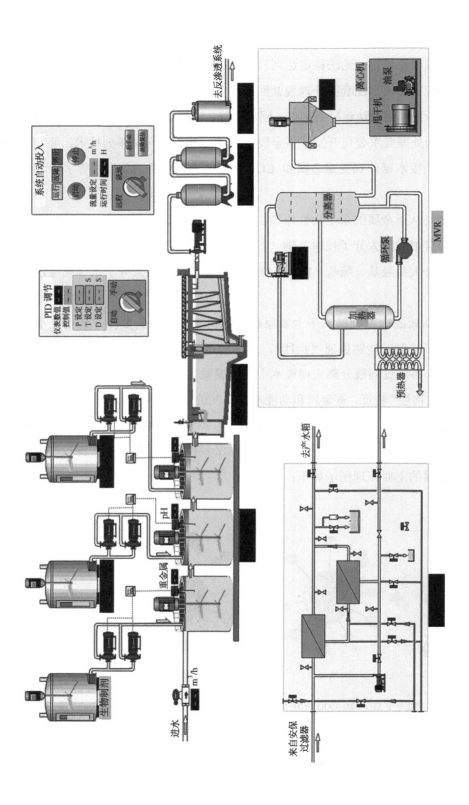

公司研发的重金属废水深度处理与回用系列技术，在处理含锑、铅、镉、砷、汞、铊、铍、锌等重金属废水中具有同步深度脱除、协同氧化、协同脱钙等优势，有利于实现分类处理与分质回用，可保证整体工艺稳定、高效运行，能有效提升系统回用率达90%以上。该技术先后在湖南黄金集团、锡矿山闪星锑业有限责任公司、江西铜业集团有限公司、河南豫光金铅股份有限公司、深圳市中金岭南有色金属股份有限公司、白银有色集团股份有限公司等大型有色金属企业成功应用。

重金属废水深度处理与回用系列技术获得的主要奖励：国家先进污染防治示范技术名录；环境保护科学技术二等奖；中国有色金属工业科学技术一等奖；环境保护部环保技术国际智汇平台百强环保技术。